JN088535

日本の野生メダカを守る
正しく知って正しく守る

編 著

棟方有宗・北川忠生・小林牧人

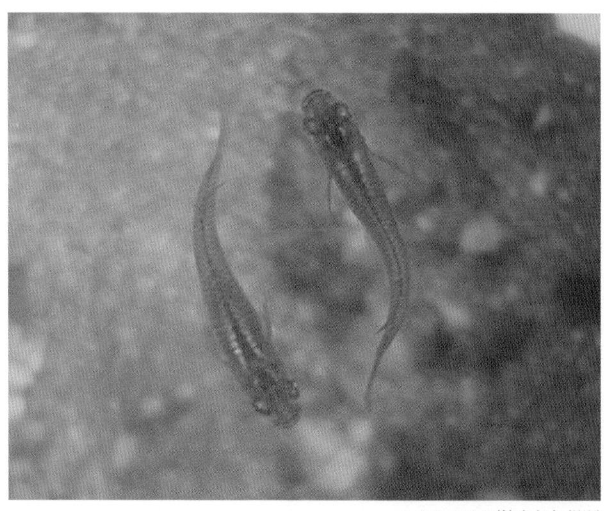

ミナミメダカ（棟方有宗 撮影）

①背鰭の欠刻が浅い
②体側に網目状斑紋がある
③体側後半部に染み状斑紋が散在する
④尾柄後端に斑紋がない
⑤尾鰭基底に斑紋がない

①背鰭の欠刻が深い
②体側に網目状斑紋がない
③体側後半部に染み状斑紋がない
④尾柄後端上下に２個の楕円斑がある
⑤尾鰭基底に白色の三日月斑がある

口絵写真１ ● キタノメダカとミナミメダカ
上が雄，下が雌。（神奈川県立生命の星・地球博物館提供／瀬能 宏 撮影）

口絵写真２ ● 飼育品種（ヒメダカ）
一般的な色彩の個体（左）と斑のある個体（右）。（森宗智彦 撮影）

口絵写真３ ● 神戸女学院大学キャンパス内の万葉池
（神戸女学院大学の許可を得て掲載）

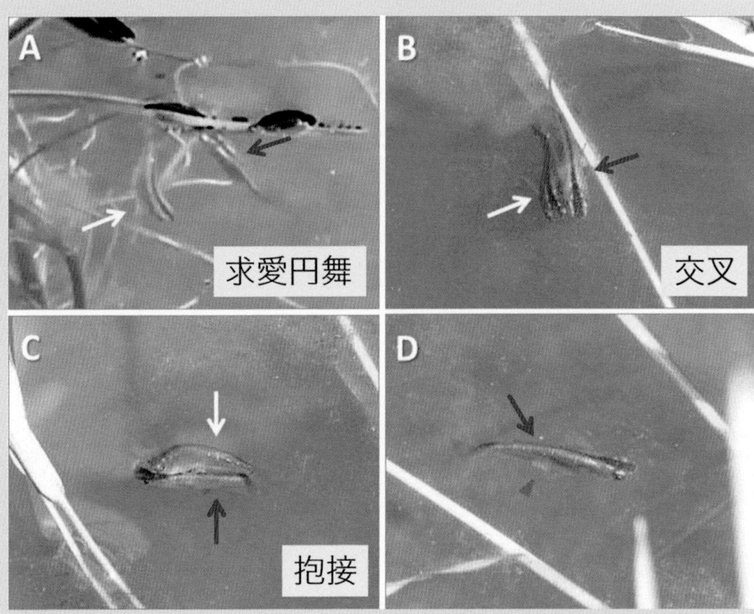

口絵写真４ ● アクアマリンふくしまのビオトープ内の水域で観察されたミナミメダカの産卵行動
(A) 雌に対して求愛円舞を行う雄。(B) 交叉。(C) 抱接。(D) 受精卵を保持した雌。矢印白は雄，矢印赤は雌を示す。矢じり（青）は受精卵を示す。（岩田ら，2015，自然環境科学研究より転載）

口絵写真５ ● 近畿大学農学部キャンパス内の希少魚ビオトープ
近畿大学北川忠生（左）および国際基督教大学上出櫻子（右）がミナミメダカの卵の採集を行っている。

♣【第２章「野生メダカの繁殖生態と保全」参照】

口絵写真6 ● 野川（東京都三鷹市）

口絵写真7 ● 野川におけるミナミメダカの受精卵の採集

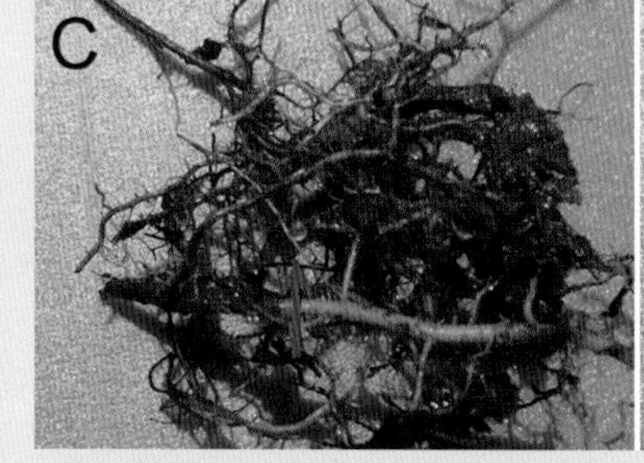

口絵写真8 ● 陸上植物の根に産み付けられたミナミメダカの受精卵（近畿大学）
ケネザサ（A）と水中に伸びた根に産み付けられた卵（C）。アメリカセンダングサ（B）と水中に伸びた根に産み付けられた卵（D）。矢印赤は受精卵を示す。（上出ら，2018，自然環境科学研究より転載）

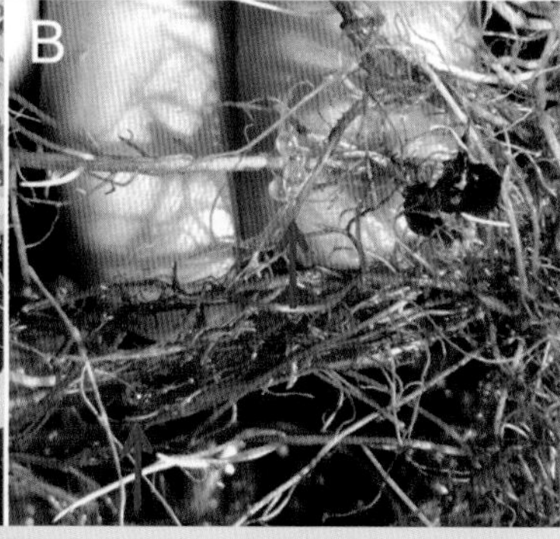

口絵写真9 ● 陸上植物の根に産み付けられたミナミメダカの受精卵（野川）
水中に根を伸ばすミゾソバ（A）とその根に産み付けられた卵（B）。矢印青は水中の根を示す。矢印赤は受精卵を示す。（上出ら，2018，自然環境科学研究より転載）

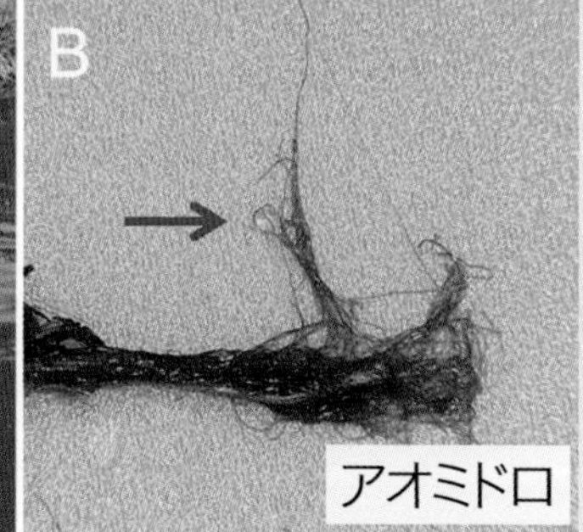

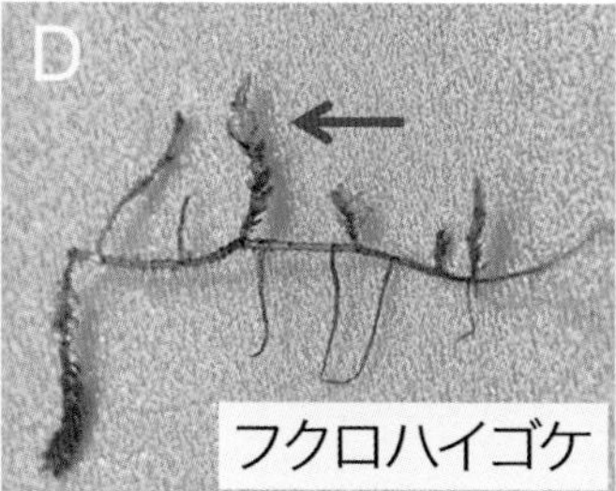

口絵写真10 ● アオミドロおよびフクロハイゴケに産み付けられたミナミメダカの受精卵（野川）
川岸のコンクリートブロックの表面にアオミドロが生育し（A），そこにミナミメダカの受精卵が産み付けられていた（B）。写真（A）の中の物差しの長さは1m。コンクリートブロックの表面にフクロハイゴケが生育し（C），そこにミナミメダカの受精卵が産み付けられていた（D）。矢印青はフクロハイゴケを示す。矢印赤は受精卵を示す。（上出ら，2018，自然環境科学研究より転載）

♣【第2章「野生メダカの繁殖生態と保全」参照】

口絵写真11 ● 仙台市八木山動物公園ビジターセンター内に設置したメダカ飼育観察水槽の様子

口絵写真12 ● ミナミメダカの放流を行った仙台市沿岸岡田地区の遠藤環境農園の様子
ミナミメダカを放流する遠藤源一郎。2014年6月21日に約100尾のミナミメダカを放流したところ，良好な繁殖が確認された。詳細は本文参照。

♣【第7章「仙台の野生メダカの保全に向けた取り組み」参照】

口絵写真13 ● 自宅のビオトープ
コラム7（棟方有宗）参照

口絵写真15 ● 日本観賞魚振興会（現日本観賞魚振興事業協同組合）の魚用袋

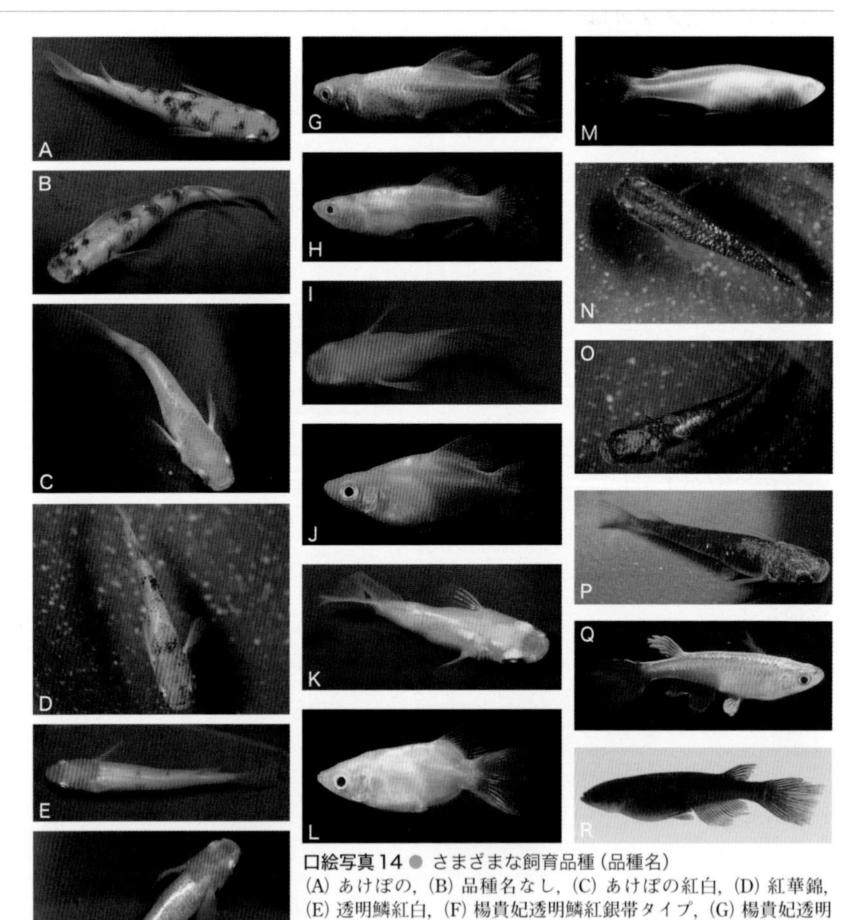

口絵写真14 ● さまざまな飼育品種（品種名）
(A) あけぼの，(B) 品種名なし，(C) あけぼの紅白，(D) 紅華錦，(E) 透明鱗紅白，(F) 楊貴妃透明鱗紅銀帯タイプ，(G) 楊貴妃透明鱗紅銀帯タイプ，(H) 品種名なし，(I) 朱天皇，(J) 朱天皇，(K) イエローテールダルマ，(L) イエローテールダルマ，(M) アルビノ天女の舞リアルスケルトン，(N) 黒ラメ幹之，(O) 紅薊，(P) 女雛，(Q) 幹之松井ヒレ長，(R) サタン。（小林輝 撮影・提供）

♣【コラム7「メダカを愛でる」参照】

はじめに

日本の野生メダカが減っている。しかし，これはメダカだけが減っているということではなく，日本にいる多くの野生生物が数を減らしている現実の一部にすぎない。野生生物が生息する地球上の自然を守ることは，それらに関わる，あるいは関心をもつ人々にとって意味があるだけでなく，実は，我々人類の存続において必要不可欠な使命なのである。本書では，メダカを自然界の生き物のひとつの代表として，自然を守る意義とその方法について考えたい。

日本の野生メダカは，童謡「めだかの学校」にも歌われているように，日本人にとっては最もなじみの深い淡水魚だと思われる。多くの人がこの歌とともに日本の田園風景を思い浮かべるのではないだろうか。しかし近年，野生メダカの生息環境は変化している。田園や小川の消失とともにメダカの数は減り，国のレベルでも絶滅危惧種に指定されるに至っている。その結果，野生メダカの保全活動が行われるようになってきた。

ある生物の保全を行うためには，その生物種の生活史を知り，生物学的特性や生息環境，遺伝的特性を十分に把握することが重要である。ところが，野生メダカに関しては，保全活動を行うために必要な生物学的知見は必ずしも十分に得られていなかった。言い換えれば，これまで野生メダカがどこでどのように生活・繁殖し，そのためにどのような環境が必要なのかといった研究が十分になされてこなかったのである。一方，近年では数の減少という問題だけでなく，飼育品種が河川へ放流され，その結果，野生メダカと飼育品種の交雑による遺伝的攪乱という現象が各地で起こり始めた。そのため，数の減少とは異なり，目に見えないレベルでの野生メダカの保全が必要となってきている。このような経緯から執筆者らは，野生メダカの保全研究に取り組み始めた。

本書では，第1章でメダカを含む淡水魚の保全についての概略を述べ，第2章で野生メダカの繁殖生態についての研究成果を紹介する。第3章から第5章では，メダカの遺伝的多様性や最近問題となっている飼育品種による野生メダカの遺伝的攪乱について解説する。第6章では野生メダカ保全のための提言をまとめた。また，第7，8章では野生メダカ保全の取り組みと，メダカを材料とした教育についての実際の事例を紹介する。

なお本書は，飼育品種による遺伝的撹乱が生態系における問題であるからといって，観賞魚としてのメダカ飼育の楽しさを否定しているわけではない。むしろ，生き物が潜在的にもつ多様性を人々に親しんでもらう格好の存在であると考えている。

本書は，野生メダカ保全のための具体的な技術は解説していないが，野生メダカの効果的な保全を願う専門家が専門知識・経験を持ち寄って成り立っているものである。保全のために研究者が行うべき観察（調査・解析），実験，啓発，実務についてまとめたものである。読者の方々には，本書を通して野生メダカの保全に必要な知識や考え方というものを理解してもらいたいと願う。また本書を読んだ読者の意識が，メダカだけにとどまらず，日本の多くの野生生物の保全にまで広がることがあれば，執筆者にとって望外の喜びである。

なお本書は，第3，4，5章および第7，8章は続けて読んでいただきたいが，それ以外の章はどこから読んでもいいように構成した。

2020年9月

棟方有宗，北川忠生，小林牧人

目　次

挿絵 ©小林ななこ（はじめに・目次・本文・あとがきにかえて）
©Yuki. M.（コラム・付録）
口絵および本文中の図や写真などで，特に記載していないものは著者の作成・撮影などによる。

Conservation of Wild Japanese Medaka

Editors: Arimune Munakata, Tadao Kitagawa, Makito Kobayashi

Contents

Published by Seibutsu Kenkyusha Co., Ltd.

第1章

日本の野生メダカの保全と課題
–個体群減少と遺伝的撹乱–

1. はじめに

現在，日本では多くの野生生物の生息個体数が減少し，種によっては絶滅の危機に瀕しているものも多くいる。川や湖，池の中で暮らしている淡水性魚類も例外ではなく，かつては日本各地の小川や田んぼの用水路などにごく普通に生息していた野生メダカ（ミナミメダカ *Oryzias latipes* とキタノメダカ *Oryzias sakaizumii*，**口絵写真1**）も，多くの地域で生息個体数が激減している。本章では，かつてはごくあたりまえにみられていた野生メダカが減ってしまった背景をさぐりつつ，これ以上野生メダカを減少させずにすむ方法について，考えてみたい。

2. 野生メダカの減少の要因と対策

2. 1. 自然・人為による生息環境の改変

野生メダカが減ってしまう原因のうち，最もウェイトが大きいのが，自然の力や人間の活動（人為）によって彼らの生息環境が物理的に変わって（改変して）しまうことである（**図1. 1**）（棟方ら, 2017）。例えばは第7章でふれるよ

グローバルな要因 ..... 地球温暖化·酸性雨など
ローカルな要因
　物理的な要因 .... 水路の護岸など
　化学的な要因 .... 水質汚染など
　生物学的な要因 ..... 他の生物による捕食，採集など
　遺伝的撹乱 .... ヒメダカの域外放流など

図1. 1 野生メダカなどの野生生物の個体数減少の要因
野生メダカなどの野生生物は，生息環境が物理的，化学的，あるいは生物学的要因により改変することによって個体数が減少すると考えられる。また近年では，他の地域から持ち込まれた飼育品種などの放流による遺伝的撹乱の影響も懸念されている。

うに，2011年3月11日に東北地方を震源に発生した東日本大震災に伴う津波によって，仙台市若林区の沿岸域にわずかに生き残っていたミナミメダカの野生個体群(population，生態学では個体群といい，遺伝学での集団と同義)が絶滅してしまった。ただし，これなどは圧倒的な自然の威力によることが誰の目からも明らかな例である。実際には，野生メダカ減少の要因の多くはどのようなメカニズムで起こっているのかがはっきりしない場合が多く，またそれらの大半は，ただちにある個体群を絶滅させるほどの強いインパクトはないと考えられる。ならば，ある日突然，野生メダカが生息域からいなくなってしまうという事態はないように思える。しかし，その要因のいくつかは比較的ゆっくりと，それでいて確実に生息個体数の減少を引き起こすため，悪影響が現れ始めた頃は野生メダカが減少していても気がつきにくく，次に目を向けたときにはその場所から野生メダカがいなくなり，すでに取り返しがつかない状態になっていたということも十分にあり得る。ひとたび野生メダカの生息環境が改変されてしまうと遅かれ早かれ個体数は減少し，最悪の場合，その個体群の絶滅につながることも十分に認識しておきたい。

では，このような改変によって野生メダカの個体数が減少していることがわかった場合，どのように対処するのが適切であろうか。このことが本書の大きなテーマのひとつにもなっているが，最も有効な対策は，これらの要因の実態をとらえ，それを可能な限り取り除き，生息環境を本来あるべき状態に復元することである(**図1. 2**)(棟方ら, 2017)。

端的な例をひとつみてみよう。本筋からは少し話がそれるが，熊本県を

野生メダカ個体群が残存している場合

優先度	
㊒高 ↑	生息環境の完全な復元(減少要因の除去)
	生息環境の部分的復元(減少要因の部分的除去)
㊦低 ↓	人工的な生息環境の創出

すでに野生メダカ個体群が絶滅している場合

優先度	
高 ↑	生息環境を復元後, 新規個体群の移入を待つ
	生息環境を復元後, 人為的に個体群を復元
低 ↓	代替生息地を創出し, 人為的に個体群を復元

図1. 2 野生メダカの個体群の保全の方策
対象とする個体群がまだ残存している場合は，個体数を減少させる要因の除去や部分的な環境の復元，人工的な生息環境の創出といった対策が選択肢となる。一方，すでにその場所から個体群が絶滅している場合は，環境の復元による新規個体群の移入を促すか，それでも難しい場合にはあらかじめ保存しておいた個体による個体群の復元や代替生息地の創出が検討される。

流れる球磨川には荒瀬ダムと呼ばれる大型の利水・治水ダムが設置されており，本流に生息するアユの若魚の行き来（特に遡河回遊行動）を妨げる障壁となっていた（若井, 2014）。しかし近年，このダムが環境保全の観点から完全に撤去され，再びアユが滞りなくこの場所を遡河するようになると期待されている。この例は，ダムによる環境の改変をダムという要因を撤去することで完全な環境の復元を目指したものといえる。

一方，もとの生息環境を完全に復元できない場合も多い。例えば，かつて日本で最も普通に野生メダカが見られた田んぼの用水路は，単に地面を掘り起こしただけの素掘りの土側溝であったため（高橋, 2009），水路の両岸には植物が生い茂り，底は土がむき出しになっていた。このような用水路の内部は石や植物などの障害物に富み，ある程度のでこぼこ（起伏）や落差があるため，流速が速い場所や遅い場所が適度に作り出される。野生メダカはこのような環境に適応し，安定して生息していた。ところが近年ではこうした用水路の大部分がコンクリートで固められ，内側が平らないわゆる2面張り，3面張りに作り替えられてしまっている。

ただし，規模にもよるが，用水路がコンクリート張りになっても野生メダカがただちにいなくなるわけではない。なぜなら野生メダカは，ある程度流れが強くてもそれに逆らって泳ぐことができるし，餌があれば寿命をまっとうするまでの数ヵ月〜数年間は生き続けられるからである。しかし，両岸や底がコンクリート張りの用水路では，起伏や障害物で作られる待避場所がないため，ひとたび雨による増水などで流れが速くなると，野生メダカは下流へと流されてしまうことになる。また第2章でより詳しく述べられているが，コンクリートで固められると，餌を捕るうえではさほど問題がなくても，産み付け基質となる植物が生えなくなるため，成熟した雌の野生メダカが卵を産み付けられない，つまり繁殖活動ができなくなる。その結果，長いスパンでは野生メダカの個体数が増える機会がなくなり，徐々に個体群が縮小することになる。この場合，仮に野生メダカが生息していても，すでに彼らは絶滅への渦に飲まれており，そのカウントダウンが始まっている。したがって，このような用水路においても基本的にはコンクリートをはぎ取り，もとの土側溝の生息環境を取り戻すことが望まれる。

ところが，野生メダカたちへの効果があるとわかっていても，実際にはコンクリート張りの用水路を素掘りの土側溝に戻すことを実行に移すのは難しい。なぜなら，そもそも用水路がコンクリート張りになった背景には，そうすることで用水の流れや排水をよくして農業の効率化を図ったり，大雨時の増水による水路の破壊や，田畑，住宅への浸水を防ぐといった人間生活の安全に向けた目的があったからである。人間の生活圏と重なるとこれ以外の要因も増え，さらに多様になる。そのうちのいくつかについてはこの後で詳しくふれるが，現在の日本ではこうした要因が複合的に野生メダカの個体数の減少に作用している可能性があり，用水路だけをもとの土側溝に戻しただけでは，十分に回復しないかもしれない。このような状況では，結局は野生メダカの個体数の減少を横目で見ながら，何も打つ手がないままに個体群の絶滅を受け入れざるを得ないということにもなりかねない。事実，これまでの日本ではこうした経緯で多くの野生生物の個体数が減り，最悪の場合，絶滅に追いやられてきた。この反省を踏まえて，私たちはどのようにすればよいかを考えるべきだろう。

そのようにとらえると，用水路をもとの環境に戻すだけではなく，その場所の野生メダカの個体数を維持させることを目的とすれば，必ずしもコンクリートを全部はがすことだけが唯一の解決策ではないことに気がつく。

野生メダカの個体数をそれ以上減らさないためには，仔魚や若魚が餌を食べて十分に成長し，成熟した親魚が産卵できる環境があればよい。小林ら(第2章)の研究によれば，野生メダカの若魚はそれなりに速い流れの中でもある程度の時間は泳ぐことが可能であり，餌を捕って成長する。一方，成熟した雌では，あまり流れが速いと生理的に卵を成熟させる過程を止めて産卵しなくなること，また，受精卵を比較的流れが緩やかな場所にある植物に産み付けることがわかっている。この特徴を活かして用水路をいくつかの区間にゾーニングし，用水の流れや構造上の強度を確保しつつ，全体への影響が少ない範囲でコンクリートの一部をはがすというパッチ状の環境復元を行えば，ある程度の保全効果が得られる可能性がある(図1. 2)。これは，上で述べた荒瀬ダムの撤去が開発か環境の復元かといった二元論に基づいた考え方だとすると，その間をとった折衷案ともいえる。これまでは人間の暮らしの便利や安全のためという観点から推し進められてきた開発であったが，その中に魚類の保全の機能を組み込む(両立させる)ことは十分に可能である[※1]。

また，この他にも，今あるコンクリート張りの上に野生メダカの保全のために必要な環境を人工的に再現するという方法が考えられる(図1. 2)。例えば，コンクリート張りの用水路の川底に自然石や砂利を新たに配置して起伏や落差を作ったり，産み付け基質となる植物が生えるくぼみを作るか苗のポットを設置するなどである。さらにいえば，こうした人工の環境を生息地に近い別の場所に代替として作ることも究極的には選択肢となり得る。第7章で紹介する仙台市における野生メダカ(井土(いど)メダカ)の保全でこ

※1　この考え方を別の魚類の例でみてみよう。例えば，川の上流の渓流域に生息しているイワナやヤマメなどのサケ科魚類は，生まれてから産卵を行うまでの間に川の中で回遊行動（降河(こうか)と遡河(さっか)）を行う。ところが渓流には，土石流や鉄砲水などの出水をくい止めるための大小の砂防堰堤が設置されていることが多い。特に，昭和時代に作られた古いタイプのものは，落差が数ｍもあるコンクリートの堤体が川の流れを横断するように設置されているため，イワナやヤマメなどはひとたび砂防堰堤の下流に降(くだ)ってしまうと上流に戻れなくなる。そこで近年では堰堤による治水効果は担保しつつ，堤体の一部に魚道と呼ばれるイワナやヤマメなどの通り道を設置したり，堤体の一部分に切り欠き（スリット）を入れて彼らの遡河行動を妨げない工夫が施されている。

の手法を使っている。

実際にこれらのうちのいずれの方法をとるべきかについては，まず具体的に野生メダカの個体数の減少を引き起こしている要因を明らかにする必要がある。そのためには，そもそもその場所で野生メダカの個体数が減少していると気がつく（発見する）ことが重要である。これには，誰かが常にその野生メダカの個体群を見守る，環境の守り人（Watchman）となることが必要であり，それは野生メダカに関心を寄せる研究者である場合もあるし，近所に暮らす個人であってもよい。とにかく誰かが野生メダカをはじめとする野生生物や自然環境を日頃から見守り，最初に起こる異変（生息個体数の減少）を発見できるようにしておく。こうしたモニタリング活動は，地道ではあるが保全にとってアンテナの役割をはたす最も重要な取り組みといえる。

次に，野生メダカの個体数の減少が発見されたら，具体的にどのような要因が影響を及ぼしているかを明らかにする必要がある。そのために重要となるのが，あらかじめ，その場での野生メダカの生活史や生態，行動の様式を知っておくことである。例えば，普段目にしている野生メダカの生息域で，ある時点から個体数が減少したとする。餌が少なくなったことが原因かもしれないと考えれば，現状の餌生物の種類や量を調べることになるだろう。しかし，もし本当に餌生物の種類や量が減少していたとしても，そこで明らかになる事実は，すでに一連の現象（個体数の減少）が起こってしまった後のものである。つまり，もとの環境がどのようだったかを知ることは基本的に不可能であり，野生メダカが減ってしまう前の，まだ正常なときに彼らがどのように暮らしているかを知っておくことが重要である。同様のことが，野生メダカの成長様式や繁殖活動（繁殖期や繁殖行動），寿命といった生活史の多くの側面についてもいえる。しかし，野生メダカでは，こうした基礎的な生物学的情報さえもまだまだ不足しているのが実状なのである。このことについて，第2章以降でふれる詳しい事例をもとに，さらに理解を深めていただきたい。

2. 2. 他の生物による捕食・競合

次に述べるのは，生物学的要因によって生じる問題である（**図1. 1**）（棟方ら，2017）。例えば近年，野生メダカが減ってしまった大きな原因のひとつとして，国外から持ち込まれた国外外来種で魚食性が強いオオクチバス *Micropterus salmoides*，コクチバス *M. dolomieu*，ブルーギル *Lepomis macrochirus* による捕食が指摘されている。また，琵琶湖水系から持ち出された国内外来種で

※２　サケ科魚類における事例をみると，近年，日本の在来種であるヤマメの生息域に，北米原産のニジマス *Oncorhynchus mykiss* やヨーロッパ原産のブラウントラウト *Salmo trutta* などのサケ科魚類が移入されている。これらの国外外来種は，ヤマメと摂餌環境や繁殖環境がきわめて似ているため，餌を捕る場所や産卵場所を巡って競合関係が生じ，ニジマスやブラウントラウトが奪った分だけヤマメの生息個体数が減ることが知られている（真山, 1990, 1999）。

あるハスなども，野生メダカなど在来種を含む魚類を捕食することが報告されている(佐野, 2012)。

ここで注意しなければならないのは，野生メダカの捕食は，これらの国外・国内外来種だけでなく，その場所に生息する在来種も普段からある程度行っているということである。しかし，今も野生メダカが安定して生息している水域では，必ずしも在来種による捕食の影響は顕著ではない。つまり，野生メダカは在来種の捕食対象であるが，生息環境には本来多くの障害物があり，隠れ（避難）場所を形成していたため，これらからの捕食を一定の割合で回避できていたと考えられる。ところが近年，生息環境は物理的な改変を受けることで隠れ場所が減り，その結果，捕食の影響が大きくなっている可能性がある。

この他に他種との競合の問題がある。多くの場合，競合は摂餌行動や繁殖様式などの生活史が似通った種同士が同じ生息環境を求めることによって生じる[※2]。野生メダカは体サイズが小さいため，同サイズの魚類以外にも多様な野生生物と餌や場所を巡って競合するものと推察される。特に，北米原産で近代以降に台湾などを経由して持ち込まれたとされるカダヤシ *Gambusia affinis* は，生活史の多くの面で競合関係を生じ，現在多くの水域で野生メダカを駆逐しているとされる。

2. 3. 人間による採集

人間による野生生物の採集も個体数減少の要因となっている。特に顕著な例が，近年の漁業におけるマグロ類やサンマなどの水産重要種に対する漁獲であろう。しかし，水産資源が今よりも豊富であった頃には漁獲による個体数減少がさほど問題にならなかった魚種もあった。今日のような背景には，これらの魚種の一部がすでに別の要因によって個体数（資源量）減少の過程にあり，そこに漁獲圧が追い打ちをかけていると推察される。こうした状況も，いくつかの要因が複合して個体数の減少を招いている事例といえる。

野生メダカでは多くの場合，人間による採集はあまり大きなインパクトを与えてはいないと考えられる。しかしながら，すでに個体数が激減している個体群においては，その影響は無視できないだろう。

一方，これは採集ではないが，人為的な要因のひとつとして，自戒の意味も含めて学術的要因もあげておきたい。近年，生物学者の自然や野生生物への興味が低下し，モデル動物や遺伝子についてはわかるが自然についてはわからない，という傾向があるように感じられる。生命科学を研究す

る生物学者を志すうえでは，常に基盤となる自然環境や生物多様性にも関心をもつことが重要であり，それが野生生物の保全の一助となるはずである。自然（Nature）に対して真摯な意識をもつ研究者の育成も，我々に課された重大な課題である。

2. 4. 遺伝的撹乱

遺伝的撹乱については，本書の第4，5章で詳しく解説されているので，ここでは簡単にふれるにとどめる。

野生生物は長い進化の過程で，もとは同じ個体群が徐々に遺伝的に分化していく。これがさらに進むと，これらは別々の種に分かれていくこともあるが，その過程にある個体群（亜種や地域個体群）同士では，遺伝情報がさほど大きく異なっているわけではないため，これを人為的に交配させると子孫が誕生することがある。そのため野外では，人間などが他の水域から異なる遺伝情報をもつ個体や個体群を持ち込んで放流すると，在来の個体群との交雑が生じる場合がある。こうして本来とは異なる遺伝情報をもつ子孫が誕生してしまうことが，遺伝的撹乱の代表的な例である。

魚類の遺伝的撹乱の原因の多くは，このように人間が他の生息場所から個体や個体群を持ち込むことによる。また，育種選抜などで人間の手で数世代にわたって継代飼育されたものも，世代を重ねる間に特定の遺伝情報をもつようになる場合が多く（佐野，1968），これらが野外に放たれれば遺伝的撹乱が生じ，次世代の個体群の環境への適応度が低下し，生息個体数が減少することが危惧される。

冒頭でもふれたように，日本の野生メダカは，ミナミメダカとキタノメダカの2種からなる。また両種の中に異なる遺伝情報をもった複数の地域個体群がいる（第3，4章参照）。これらの異なる地域由来の野生メダカを人為的に他地域に放流すれば，遺伝的撹乱が起こる。なかでも懸念されるのは，ペットショップで多く販売されている，ヒメダカ（**口絵写真2**）などの飼育品種の放流である。現在販売されているヒメダカは，おもに中部，西日本に生息していたミナミメダカから体色に突然変異が起こった個体を品種改良して作出された。したがってこれらは，キタノメダカの生息地もさることながら，ミナミメダカの生息域であっても放流されれば遺伝的撹乱を起こす可能性がある。

では，仮に野生メダカに遺伝的撹乱が生じ，従来とは異なる遺伝情報をもった個体群が誕生した場合，何が問題となるのだろうか。野生メダカは日本国内に広く分布しているが，長い時間をかけて，それぞれの土地固有

※3　例えば，東京都の大都市圏を流れる野川(のがわ)では，放流されたヒメダカが在来のミナミメダカと交雑しているが，ここの個体群は問題なく生息しているように見える。

の条件に適応していったと推察される。それは，摂餌環境であったり，水温の季節変化や水質，気象条件であるかもしれないが，これらの環境に適応していくこととセットで，徐々に遺伝情報も書き換わっていくと考えられる。ここに，その場所とは異なる環境に適応するための遺伝情報をもつ他地域の個体群が持ち込まれ交雑が起これば，次世代でここの環境に適応する力が改変されてしまうおそれが生じる。

もちろん遺伝的撹乱が起こってもその個体群がそのまま存続している場合もあるが[※3]，遺伝的撹乱を看過してよいというわけではない。遺伝的撹乱を生じさせないための対策は，飼育個体や他地域からの個体群の放流を行わないことである。

3. 野生メダカの減少をくい止める方法

野生メダカにおいても他の野生生物と同様に，さまざまな要因によって生息個体数の減少や個体群の絶滅が起こり，それは潜在的に今もどこかの地域で進行していると考えて間違いない。しかし我々は，今後はこうした事案を新しい時代へ引き継ぐことなく折り返さなければいけない時期にさしかかっている。なぜなら，もしこのまま野生メダカの減少を看過すれば，彼らを取り巻くさらに多くの野生生物や自然環境が減少していくことが危惧されるからである。つまり野生メダカは，日本の自然保護の象徴的存在のひとつでもある。

3. 1. 基礎生態の把握

野生メダカを守るためには，個体数が減り始める前に，あらかじめ分布状況や遺伝的多様性といった基礎情報をなるべく多くの地域で蓄積しておくことが重要である。こうすることで，実際にある地域で個体数が減り始めた際，まずはその個体群が日本国内でどの程度重要な位置にあり，保全の緊急性や重要性がどのくらいあるかを示すことができる（もちろん全国的に多く残っている地域個体群だからといって保全が軽んじられるものではない）。

また同様に，各地域個体群の生活史や生態，行動の特徴，彼らの生息のために必要な環境条件を調べておくことも重要である。そうしておくことで，例えば生息個体数が減った水域で小型の個体のみが見つかった際に，事前に把握しておいた平均寿命や成長プロファイルからは，その個体が成魚なのかどうかや，栄養状態が把握でき，おもな餌や産卵期，産卵環境といった生態情報からは，生息個体数に影響を及ぼしている要因をある程度，診断（特定）できる。

3. 2. 個体数減少の要因の把握

次に，個体数を減らした要因を，上記の情報に基づいてより正確に推定することが重要となる。例えば，ある水域で調査を行い，成熟した親魚は見つかるがその年産まれの小魚（仔魚，稚魚）がいないという場合には，親魚の繁殖行動が抑制されている可能性が考えられる。体サイズが以前よりも小型化していれば，その場所での摂餌環境が悪化したことが疑われる。さらに，老若問わずに個体数が減少しているのであれば，水質の悪化や，他の生物による捕食や競合（生物学的要因）が疑われる。このような変化を指標とすれば，いかなる要因が野生メダカに影響を及ぼしたのかを探ることが可能である。

3. 3. 保全策の案出と実践

野生メダカの個体数の減少要因が明らかになったら，次に具体的な保全策を案出し実践する。なお，基本的に本書では人間が人間のために自然に手を加え守ることを保全（conservation），自然のために自然や生物を守ることを保護，保存（preservarion）と表現する

生息環境の物理的な改変によって個体数が減っているがまだ絶滅には至っていない場合，その要因を除去し，もとの状態に復元することが最善の保全策になる。これが難しければ部分的な環境の復元や，現状に人工的な生息環境を付加するといった選択肢が考えられる。生物学的要因の場合も，同様にこうした生物を除去することが重要である。しかし，ひとたび生態系に入り込んでしまった生物学的要因を完全に取り除くことはきわめて困難である。ただ，これまで実質的には不可能と考えられてきたが，近年になって，宮城県伊豆沼でオオクチバスを擬似産卵床で産卵させ受精卵を除去する方法や，電気ショッカーボートを使って成魚を継続的に駆除する試みによって，数年間かけて生息密度を低く抑えることに成功しており，生物学的要因の除去にも突破口が開かれつつある（高橋, 2009）。また小規模のため池などでは，日本古来の手入れ方法である土樋（どび）流し（池の栓を取り外して水を抜くこと）や池干しで水を抜き，取り残された外来魚を除去するなどの方法も行われており，効果をみせている。

一方，野生メダカの個体群がすでにその地域から絶滅してしまっている場合，とるべき保全策は大きく2つに分けられる。ひとつは，絶滅した水域の近隣に用水路などを介して同等の遺伝情報をもった別の個体群が残っている場合には，当該の生息環境を復元した後，隣接している水域からその

個体群が自発的に進入してくるのを待つことである（**図1. 2**）。しかし，周囲の個体群もすでに絶滅している場合には，たとえ生息環境を復元し減少要因を除去したとしても，個体群が自然に復元する可能性は低い。したがって，もうひとつの保全策として，別の場所に由来する個体を導入し，個体群を人の手で復元することを検討してもよいと筆者らは考えている。魚類ではまだ少ないが，鳥類ではトキやコウノトリで国外由来の個体を用いた個体群復元の事例がよく知られている（小野と久保嶋, 2008）。ただし，日本魚類学会のガイドラインでは，他地域からの個体の導入による地域個体群の復元には，「少なくとも同じ水系の集団（個体群）に由来し，もとの集団（個体群）がもつさまざまな遺伝的・生態的特性を最大限に含むもの」（日本魚類学会, 2017；カッコ内は著者註）を用いるのが望ましいとされており，特定の地域個体群が絶滅してしまうと，復元用の個体も入手が困難になる。やはり野生メダカなどの淡水魚類ではこれ以上の地域個体群の絶滅は避けなければならず，現在絶滅が危惧される地域ではあらかじめ一部を飼育下で系統保存し，将来の個体群の復元に備えるといった対策が必要と考えられる。これについては，第7章で東日本大震災後の仙台の野生メダカ（井土メダカ）の保全活動の事例を紹介する。

4. 保全活動を支持し，持続させる提言

普段から野生メダカの個体数が減少していないかをチェックするとともに，平常時，彼らがどのような生態学的，遺伝的特性を示すのかを把握しておけば，具体的かつ効果的な保全策を案出することができる。しかし，現実的には，多くの地点では個体群の減少がわかっていても，さまざまな制約によって具体的な保全活動が実行できずにいる場合が多い。むしろ効果的な保全策が行われている場合の方が少ないといっても過言ではない。このことからも，野生メダカの保全を推進するうえで最も困難な部分は，保全活動を実行に移し，持続させることだともいえる。

それを克服するためには，野生メダカの保全活動がなぜ必要であるかをより明確に示し続けることが重要である。ダムや砂防堰堤，用水路のコンクリート化のような人為的な環境の改変（開発）には，利水や安全，農業の効率化といった我々の生活を向上させる効果が期待されている。これらを野生メダカの保全のためにコストをかけて除去したりもとに戻すということには，相応の理由が必要である。

こうした議論をより客観的に後押しするための方策として，近年では仮想影響評価（Contingent Valuation Method：CVM）の考え方も広く取り入れ

られるようになってきている（松田, 2004）。CVMは，例えばダムや堰堤が我々の生活にもたらす恩恵（水力発電や生活の安全など）と，これらを撤去することで享受し得る自然の価値（魚の増加や自然資源の教育への利用）を金銭などの等価性のある価値に置き換えて天秤にかけ，もし後者の方が大きければ，自然復元を推進するという考え方である。また近年では，野生メダカを守るといった活動の延長線上に，地域の文化の向上や，教育資源としての活用といった価値が付加されるようになってきている。これらの議論による判断が適切に進めば，野生メダカの生息環境の保全を推進する機運がより高まるはずである。

棟方有宗

● 引用文献

松田裕之: ゼロからわかる生態学. 共立出版, 東京, 2004, 252 pp.
真山紘: サクラマス生態ノート. 魚と卵, 159: 7－21, 1990.
真山紘: 千歳川におけるサクラマス幼魚およびブラウントラウトによる浮上期サクラマス稚魚の捕食. さけ・ます資源管理センター研究報告, 2: 21－27, 1999.
棟方有宗, 北川忠生, 小林牧人: 日本の野生メダカの保全と課題. 海洋と生物, 39 (2) : 107－112, 2017.
日本魚類学会: 生物多様性の保全をめざした魚類の放流ガイドライン, 2017. http://www.fish-isj.jp/info/050406.html (2017 年 2 月 14 日閲覧)
小野泰洋, 久保嶋江実: コウノトリ, 再び. エクスナレッジ, 東京, 2008, 350 pp.
佐野二郎: 福岡県に移入・繁殖したハスの生態に関する研究. 福岡県水産海洋技術センター研究報告, 22: 49－56, 2012.
佐野誠三: 良留石 (ラルイシ) 川の河川型サクラマスの記録. 魚と卵, 128: 28－29, 1968.
高橋清孝編: 田園の魚をとりもどせ！ 恒星社厚生閣, 東京, 2009, 137 pp.
若井郁次郎: 消えゆく球磨川・荒瀬ダム. 水資源・環境研究, 27: 51－56, 2014.

第2章

野生メダカの繁殖生態と保全
–メダカはどこで卵を産むか？–

1. はじめに

メダカの仲間は，アジアに生息するダツ目メダカ科の魚で，日本では北海道を除く地域の池，川，水田に自然分布する（佐原と細見, 2003）。日本の野生メダカはかつて1種とされていたが，現在，ミナミメダカ *Oryzias latipes* とキタノメダカ *Oryzias sakaizumii* の2種に分類されている（Asai *et al.*, 2011，**口絵写真1**）。またミナミメダカの体色突然変異品種であるヒメダカ（**口絵写真2**）は，研究用，教育用，ペットとして養殖され，広く活用されている（岩松, 2018；Kinoshita *et al.*, 2009, 2020；Naruse *et al.*, 2011）。さらに現在ではヒメダカをもとに数多くの飼育品種が作出されている。なお本章では「野生メダカ」といった場合は，ミナミメダカとキタノメダカからなる野生種の総称とし，「メダカ」といった場合，野生種2種に加えヒメダカをはじめとする飼育品種の総称とする。

近年，日本の野生メダカは個体数が減少しており環境省により絶滅危惧II類に指定されている（環境省, 2019）。またそれに伴い，野生メダカの保全活動が行われるようになってきた（端, 2005；坂本ら, 2009；端ら, 2013；棟方ら, 2017a）。ある動物の保全を行うには，その種の生活史を明らかにすることが必要である（細谷, 2009；小林ら, 2013, 2017；森, 2016；棟方ら, 2017b；細谷ら, 2017）。より具体的には，その種の生物学的特性と生息環境の解明が重要である。しかし，日本の野生メダカの生活史は十分には明らかとなっていない。特に繁殖活動は子孫を残す活動であり，生活史の中でも重要な過程であるが，野生メダカの繁殖生態に関する学術研究は十分には行われていなかった。言い換えると誰もが知っている魚である日本の野生メダカが，いつ，どこで，どのように繁殖をしているかを誰も知らなかったということである。これは野生メダカの保全の観点からすると，どのような環境をどのように保全，修復すべきかが明らかではなく，また野生メダカの繁殖環境が破壊されても誰も気がつかない，ということを意味する。このような状況を踏まえて筆者らの研究グループは，野生メダカの保全のために必要な基礎的知見，特に繁殖特性の知見を得ることを目的として研究を進めている。具体的には，フィールドにおける野生のミナミメダカの繁殖行動の観察，受精卵の産み付け場所およびその環境の調査，さらに室内での行動実験によるメダカの繁殖特性の検証を行っている。

2. 野生メダカの繁殖行動

これまでに，飼育下でのヒメダカの繁殖行動についての報告はあった。ヒメダカは夜明けとともに雄が他の雄に対して「攻撃行動（追い払いchasing, たたかいfighting）」を行い，雌に対してはアプローチを開始する。雌雄の一連の「産卵行動」は以下の流れで進行する（図2. 1）。はじめに雄が雌に接近し（「近づき」approaching），雌と一定の距離を保ちながら泳ぎ（「したがい」

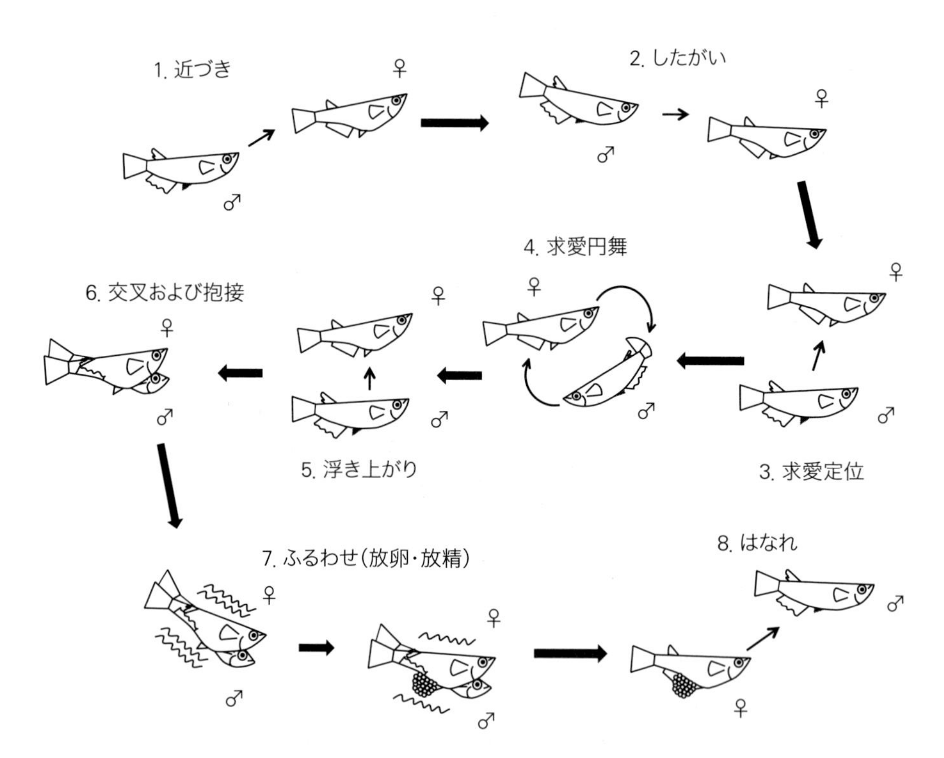

図2. 1　ミナミメダカおよびヒメダカの産卵行動
ミナミメダカおよびヒメダカの産卵行動は，雄の雌への「近づき」から始まり，「したがい」，「求愛定位」，「求愛円舞」，「浮き上がり」，「交叉」，「抱接」，「ふるわせ（放卵・放精）」，「はなれ」の順に行われ，雌は腹部に受精卵を保持する。この過程では，水生植物などの基質は必要としない。（上出ら, 2016, 自然環境科学研究より転載）

following)，雄は雌の後方下位で静止する(「求愛定位」positioning)。次に雄は雌の前方に円を描くように泳いで求愛行動を行い(「求愛円舞」quick circle)，求愛定位の位置に戻り，雄は雌の腹部近くまで浮き上がる(「浮き上がり」floating)。雌が雄を受け入れた場合は次の行動へと進むが，受け入れない場合，雄は「求愛円舞」を繰り返す。雌が雄を受け入れると，雌雄の個体は泌尿生殖口をお互いに近づけ(「交叉」contact)，雄は頭部を雌よりも下にして背鰭と尻鰭で雌を抱える(「抱接」wrapping)。雄による抱接後，雌雄は小刻みに身体を震動させ(「ふるわせ」quivering)，放卵・放精(egg release, sperm release)を行い，受精が起こる。放卵・放精が終わると雄は雌から離れる(「はなれ」leaving)。放卵・放精に際しては水草などの特別な基質は必要としない。1回に放卵される卵数は20～30個で，受精卵は数時間の間，付着糸(纏絡糸)により雌の腹部に卵塊として保持される。メダカの雌の産卵は1日1回行われる。なお産卵行動は水面近くから水底までさまざまな水深で行われる(Ono and Uematsu, 1957；岩松, 2018；Kinoshita *et al.*, 2009；早川ら, 2012)。一方で，野生メダカの繁殖行動についての報告はなく，はたして飼育条件下でみられるヒメダカの行動はメダカ本来の自然なものなのか，そしてヒメダカから得られた知見は野生メダカの保全に活用できるのか，という疑問が生じていた(横井ら, 2015)。そこで，筆者らは野生下でミナミメダカの繁殖行動の観察を，前述のヒメダカの行動と比較しながら行った。

実際の野外環境での行動観察は，神戸女学院大学(兵庫県西宮市)キャンパス内の万葉池とアクアマリンふくしま(水族館，福島県いわき市)のビオトープ内の水域(以下ビオトープ池)で行った(小林ら, 2012；岩田ら, 2015)。これらは人工の池であるが，野生由来のミナミメダカが導入された後，人手がまったく入っていない状態で自然繁殖が行われているので，野生本来の繁殖行動を観察できることが期待された。

ここでは万葉池での観察結果を中心に紹介する(小林ら, 2012)。神戸女学院大学キャンパス内にある万葉池は，1940年から1941年にかけて造成された周囲約38m，水深10～50cmの池で，常時少量の地下水が流入している(**口絵写真3**)。2006年に西宮市内に生息する野生のミナミメダカがこの池に放流され，2007年から自然繁殖が確認されるようになった。我々は2009年から4年間にわたり産卵期(万葉池では5～8月)を中心に観察を行った。実際の観察は，夜明け前に池に行き，日没まで池の岸から野生メダカの行動を主として目視で観察するという単純なものであった。早朝からの活動は気力を要し，さらに夏季は暑さと多くの蚊に悩まされ，冬季は寒さが厳しく体力を消耗したが，野生メダカのさまざまな行動を実際に観ることができ感動の連続であった。肉眼による目視の観察の他に，双眼鏡による観察，写真撮影，ビデオ録画を行ったが，双眼鏡による観察はきわめて有効であった。双眼鏡を使って少し距離をおくと，観察者が近づきすぎて野生メダカを脅かすことが避けられるので，一連の行動を静かに観察できた。

このような活動を通して，産卵期の野生メダカのさまざまな行動を初めて観察することができた。夜明けとともに雄は，他の雄に対しては攻撃行動を行い，雌に対してはアプローチを行い産卵行動を開始する。雄の雌への「近づき」，「したがい」，「求愛定位」，「求愛円舞」，「浮き上がり」，雌が雄を受け入れた場合の「交叉」，「抱接」，「ふるわせ」，「放卵・放精」により受精が起こり，雄が雌から離れた後（「はなれ」），受精卵は数時間の間，付着糸により雌の腹部に保持される。ここまでの一連の行動は飼育下におけるヒメダカの産卵行動と同様であった。万葉池での繁殖行動の写真については我々の論文を参照されたい（小林ら, 2012）。同様の行動がみられたアクアマリンふくしまのビオトープ池で撮影された産卵行動の写真を示す（**口絵写真4**）（岩田ら, 2015）。興味深いことに野生メダカの雄は，これから産卵する雌だけでなく，卵を保持した雌あるいは雄に対しても求愛行動を行っていた。この結果は，メダカの雄は視覚的にメダカの形をしたものには求愛を行うという過去の知見と一致した（Ono and Uematsu, 1968；早川ら , 2012）。

これから先の行動については，飼育下におけるヒメダカとの違いが認められた。飼育下におけるヒメダカでは，受精卵を保持した雌は腹部を飼育水槽の底や側面にこすりつけて（「こすりつけ」rubbing-on），あるいは体を左右に激しくゆすり，伸長した付着糸を切断して（「ふりおとし」shedding），卵を体から離す行動をとると報告されている（**図2. 2**）（Ono and Uematsu, 1957；岩松, 2018；Kinoshita *et al.*, 2009）。しかし，野生のミナミメダカでは，受精卵を保持した雌は，受精卵を水生植物などの基質（産み付け基質）に付着させる「産み付け行動」を行った（**図2. 3**）（小林ら, 2012）。一連の行動をまとめると，はじめに雌は基質となりそうな素材を吻（ふん）でつつき（「つつき」picking），卵の産み付けに適切かどうかを確認する。産み付けに適切な場合は素早い動きで弧を描くように泳ぎ，腹部を基質に接触させて卵を付着させる（「付着」attaching）。卵は表面にある付着糸と付着毛により基質に接着する。1回の付着行動で基質に付着する卵数は1～数個で，保持した卵がすべて基質に付着するまで雌は何度も腹部を基質にこすりつける。なお産み付け行動は，多くの場合，水面近くの浅瀬で行われた。産卵行動後の野生メダカの行動についての詳細な報告はこれまでになく，万葉池での観察において初めて記載がなされた（小林ら, 2012）。その後，飼育条件下のヒメダカにおいても同様の

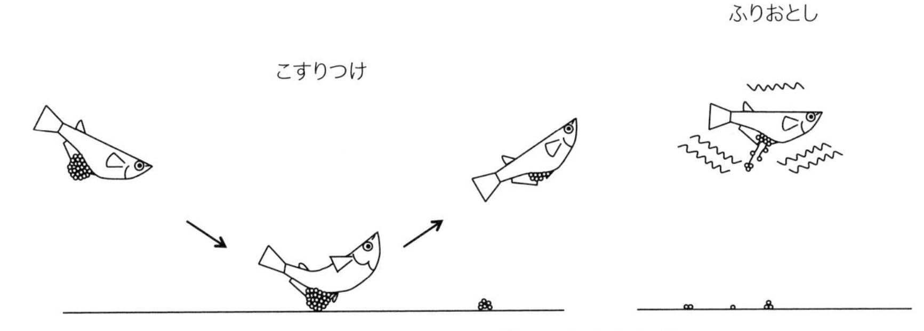

図2. 2 水槽内でみられるヒメダカおよび野生のミナミメダカの卵廃棄行動
水槽内に適切な産み付け基質が存在しない場合，受精卵を保持したヒメダカの雌は「こすりつけ」あるいは「ふりおとし」といった卵廃棄行動を行う。「こすりつけ」は，雌が水槽の底や側面に腹部をこすりつけて卵を腹部から離脱させる行動である。「ふりおとし」は，長時間産み付けができず，卵の付着糸が伸長した場合，体を左右に激しく振り，付着糸を切って卵を腹部から離脱させる行動である。これらの行動の結果，卵はどこにも付着せず水槽の底に固定されずに置かれた状態になる。なお屋外池ではこのような行動はみられないが，野生のミナミメダカに水槽内で産卵行動を行わせ，産み付け基質のない状況にすると，ヒメダカ同様，「こすりつけ」，「ふりおとし」を行う。（上出ら, 2016, 自然環境科学研究より転載）

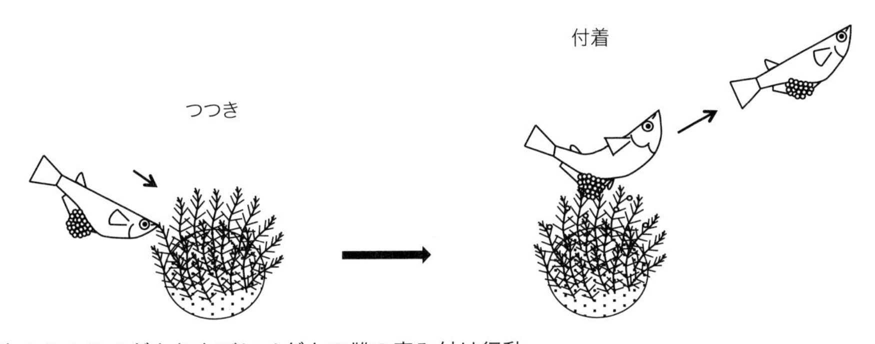

図2. 3 野生のミナミメダカおよびヒメダカの雌の産み付け行動
受精卵を保持した雌は，吻で水生植物，苔などの素材をつつき（「つつき」），産み付けに適切な基質となるか確認を行う。素材が基質として適切である場合，雌は素早い動きで弧を描くように泳ぎ，卵を基質に付着（「付着」）させる。この行動が成立するためには水生植物などの基質（産み付け基質）の存在が必須である。（上出ら, 2016, 自然環境科学研究より転載）

産み付け行動が行われることが報告された（上出ら, 2016）。なお，野生のミナミメダカの産み付け行動の動画が，以下のURLで見られる。
https://www.jstage.jst.go.jp/article/suisan/78/5/78_922/_article/-char/ja

前述の飼育下におけるヒメダカでみられた底面への「こすりつけ」や「ふりおとし」などは卵を廃棄する行動と考えられるが（後述），野生のミナミメダカでは認められなかった。またヒメダカでは時間とともに付着糸が伸長し，卵がぶらさがった状態になることがあるが（**図2. 2**右），このような状態の野生のミナミメダカはこれまでに観察されていない。これについては後述する。

産卵期の野生のミナミメダカの繁殖行動は，万葉池では毎日行われていた。繁殖行動は夜明けとともに開始されるが，雄は他の雄に対して攻撃行動を行い，雌に対しては「求愛円舞」を繰り返し行う。攻撃行動，産卵行動は午前11時頃まで観察された。雌による受精卵の保持は午後3時頃まで観察され，それ以降みられなくなったことから，産み付け行動は午後3時頃までに終わるものと考えられる。また，これまでに2例だけであるが，万葉池において雄のスニーキング（sneaking）が観察された。スニーキングとは雌雄がペア産卵を行う際に別の雄が割り込んで放精を行う繁殖行動である（赤川, 2010）。メダカのスニーキングについてはヒメダカで研究がなされ，2種類のパターンが知られている（Grant *et al.*, 1995；古屋, 2007；Koya *et al.*, 2013）。それらは，雌雄の抱接時にもう1個体の雄が加わって放精を行う「同時スニーキング」と，雌雄の放卵・放精後，卵を保持した雌の卵に対して別の雄が放精を行う「産卵後スニーキング」である。万葉池でみられたものは産卵後スニーキングであった。屋外池の野生メダカでスニーキングがみられたことは，生物学的に意義深い。ヒメダカでみられたスニーキングは，飼育条件下での飼育密度などの人工的要因によって起こるものではなく，メダカ本来の性質によるものであることが示された。

以上，人工の池ではあるが，自然下での野生メダカの繁殖行動が初めて観察された。その後，天然河川において野生のミナミメダカの雄による「求愛円舞」，雌による卵の産み付け行動を観る機会に恵まれたが，我々が万葉池とビオトープ池の2つの人工池で観察したものと同様であることを確認し，ミナミメダカ本来の行動を認識することができたといえる。今後，キタノメダカについても精査していく必要がある。

3. 産み付け行動のための好適な環境条件

前述のように，メダカの産卵行動自体には特別な基質は必要ではないが，雌が卵を産み付ける際には産み付け基質が必要である。適切な産み付け行動によって卵が産み付けられなければ，その後の正常な胚発生は保障されない。したがって野生メダカの保全には，適切な産み付け行動が行われる環境を維持することが重要である。それでは野生メダカの雌はどのような場所で，どのような基質を好んで卵を産み付けるのだろうか。ここでは筆者らのフィールドでの調査結果と実験室での実験結果を紹介する。

3. 1. フィールドでの調査

これまでに筆者らは，3ヵ所の人工池，1ヵ所の天然河川の合計4ヵ所のフィールドで，雌の野生のミナミメダカがどのような場所に卵を産み付け

ているか調査を行ってきた。人工的な屋外池としては，前述の万葉池（小林ら，2012）とビオトープ池（岩田ら，2015），さらに近畿大学農学部（奈良県奈良市）キャンパス内の希少魚ビオトープ（**口絵写真5**）である。また天然の河川としては東京都の西部を流れる野川にて調査を行った（**口絵写真6**）（上出ら，2018）。希少魚ビオトープは周囲約50m，中央部の水深が約50cmのため池で，野生のミナミメダカが放流され，自然繁殖が観察されている。野川は東京都国分寺市に水源があり，世田谷区で多摩川に合流する全長20.2kmの河川である。豊かな生態系を有し，多くの動植物種が生息している。このうち三鷹市の流域においてミナミメダカの卵の採集を行った。東京都の都会を流れる野川において，上流から下流まで数多くのミナミメダカが生息していることは喜ぶべきことであるが，実はここのミナミメダカはヒメダカによる遺伝的撹乱を受けてしまっておりとても残念である（第5章および中尾ら，2017を参照）。

これらの調査池あるいは川において，メダカの卵を目視と触感で確認してから採集し，同時に卵が産み付けられていた基質の種類，場所の水深，流速などを調べた（**口絵写真7**）。採集した卵は研究室に持ち帰り，卵の直径，表面上の構造，あるいは孵化後の仔魚の形態からミナミメダカの受精卵と同定した。フィールドにおいて直径約1.2mmのメダカの受精卵を探すことは必ずしも簡単なことではなかったが，炎天下での地道な努力がむくわれ，数多くの卵を見つけることができた。種々の基質に産み付けられた受精卵を見つけていく過程においては，それまでベールにつつまれていたメダカの生活史が少しずつ明らかとなっていくようで，感慨深いものがあった。特に野川における調査では，「こんなところにメダカは卵を産み付けるんだ」という新しい発見の喜びとともに，「ここはメダカの保全のために守られるべき環境で，コンクリートで固めてはだめなんだ」という思いが何度も頭をよぎった。

調査の結果，卵が産み付けられていた基質は，ヤナギゴケ，フクロハイゴケ，ホウオウゴケなどの蘚類，オオカナダモ（通称アナカリス），コカナダモなどの水生植物，陸上から水中に伸びた陸上植物の根（ケネザサ，アメリカセンダングサ，ミゾソバ，イヌタデ，ツユクサなどの水中根），アオミドロといった藻類がおもなものであった（**口絵写真8～口絵写真10**）。これらの調査結果から，ミナミメダカは特定の植物種を好んで卵を産み付けているわけではないということがわかる。ただし詳細は後述するが，アオミドロを除き，これらの産み付け基質となった植物には共通項がある。枝分かれをした複雑な構造をしており，かつある程度の硬さをもち，安定性が

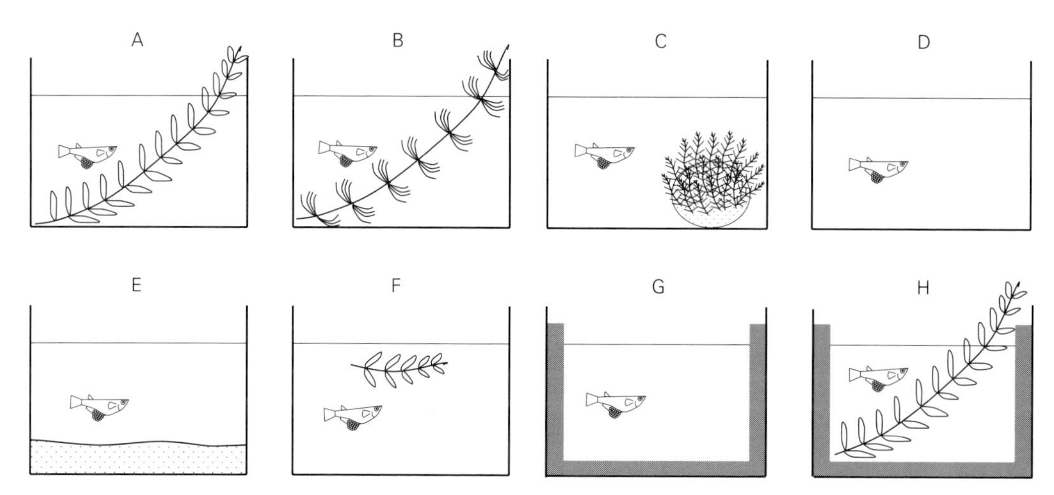

図2. 4 雌のヒメダカの産み付け行動における基質の存在の重要性および基質としての素材の選好性を調べるための実験

種々の環境条件を設定した小型水槽（13.5 cm × 9.8 cm × 8.9 cm）に，受精卵を保持した雌を入れ，行動を観察した。A：一端を固定したオオカナダモ。B：一端を固定したハゴロモモ。C：石に固定したヤナギゴケ。D：基質なし。E：砂。F：浮遊しているオオカナダモ。G：水槽の3面をコンクリートで内張りしたもの。H：3面コンクリートと一端を固定したオオカナダモ。A, B, C, Hの条件下では，「つつき」と「付着」が行われ，産み付け行動が成立したが，D, E, F, Gの条件下では，「つつき」，「こすりつけ」，「ふりおとし」が行われ，産み付け行動は成立しなかった。これらの結果から以下のことが明らかとなった。ヒメダカでは産み付け基質が存在しないと雌は産み付け行動はできず，卵を廃棄する（D）。産み付け基質には安定性が必要で，浮遊状態の素材は産み付け基質にならない（F）。砂，コンクリートは産み付け基質にならない（EとG）。壁面がコンクリートであっても適切な基質が存在すれば産み付け行動が行われる（H）。（上出ら，2016，自然環境科学研究より転載）

材の安定性が重要であるという点でフィールド調査の結果と一致しており，雌の産み付け行動には安定性のある素材が基質として必要であり，不安定な状態の植物には卵は産み付けられないということを示している。

「こすりつけ」，「ふりおとし」は，ヒメダカでの行動観察から報告されているが（Ono and Uematsu, 1957；岩松，2018；Kinoshita *et al*., 2009），これらの行動はフィールド調査では観察されなかったこと（小林ら，2012），実験でも産み付け基質が存在しない場合，あるいは素材が基質として不適切な場合にみられたことから（上出ら，2016），自然条件下におけるメダカ本来のものではなく，人工的な環境のような産み付けに不適切な条件のもとでとられる卵を廃棄する異常行動ではないかと考えられる。なぜ自分の卵を廃棄してしまうのか，その意味は不明であるが，産卵期のメダカは毎日産卵することが多く，その日に産卵した卵がうまく産み付けられない場合，いったんその卵を廃棄して翌日の産卵に備えるのかもしれない。

次に，フィールド観察において野生のミナミメダカは水深の浅い場所に卵を産み付けることが明らかとなったが，本当に浅いところを好んで産み

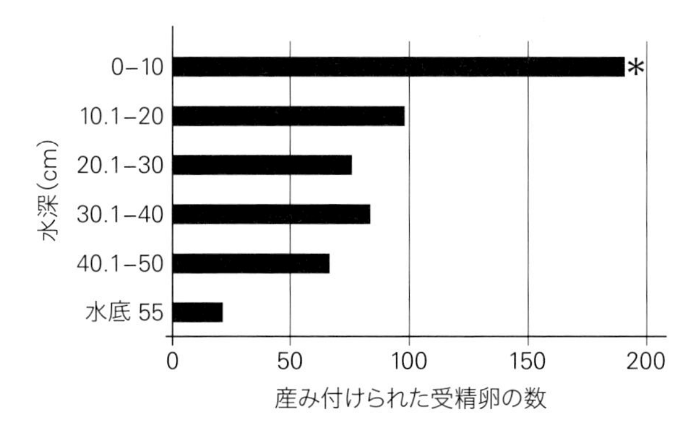

図2. 5 雌のヒメダカの産み付け行動における水深の選好性
実験水槽（30 cm × 90 cm × 60 cm，水深55 cm）の1面にアクリル毛糸で作製した産み付け基質を水面から水深50 cmまでの深さに垂直に8本設置した。性成熟したヒメダカ（雌20個体，雄5個体）をこの水槽で7日間飼育し，毎日どの水深に卵が産み付けられているかを計数した。グラフは7日間で各水深に産み付けられた卵の合計数を示している。各水深の1日当たりの平均産み付け数を求め，各水深間で比較したところ，水深0～10 cmに産み付けられた卵数が，他の水深の卵数より有意に多く，ヒメダカは浅い水深を好んで卵を産み付ける性質をもつことが示された。*，$p < 0.05$（上出ら，2017，自然環境科学研究より転載）

付ける性質をもつのかということを確認するために，水深の選好性を調べる実験を行った（上出ら，2017）。大型飼育水槽内にアクリル毛糸をひも状にして作製した人工水草を水面から水底まで垂直に設置したところ，ヒメダカはどの水深でも産み付けを行ったが，特に水面近くの基質により多くの卵を産み付けた（**図2. 5**）。この結果は，野生のミナミメダカがフィールドで浅い水深に卵を産み付けるのは，その地域の環境要因だけではなく，本来の生物学的特性によるものでもあることを示している。さらに最近の研究から，ヒメダカおよび野生のミナミメダカの受精卵を異なる水深に置くと，孵化率，孵化日数が変化することが明らかとなった。水を循環させて水温，溶存酸素を一定にした大型水槽で，水深5 cmで発生させた受精卵に比べて，水深65 cmに置いた受精卵は孵化率が低下した。また水深5 cmで発生させた受精卵に比べて，水深30 cm，65 cmに置いた受精卵は孵化までの日数が有意に延長した。このことは水圧の低い浅瀬が受精卵の発生に好適なことを示唆している（上出ら，2020）。野生メダカの保全には，このような繁殖特性を考慮し，川や池の浅瀬に産み付け基質となる状態の植物を維持することが重要であると考えられる。なお，受精卵を浅瀬に産み付けるメリットについては前に述べたが，デメリットは水位の低下により卵が空気に曝されて乾燥してしまう可能性である。しかしメダカの受精卵は，乾燥に対する耐性能（乾燥耐性）をもっており，数日間空気に曝された後に水中に戻しても正常に孵化することが実験で明らかとなっている（小林ら, 2019a）。また，水流とメダカの繁殖活動の関係については現在検討中であるが，予備的な実験から，水流が強くなると産卵行動が抑制されることが示されている（Kitamura and Kobayashi, 2003）。

4. 守られるべき環境

これまでの筆者らの研究から，野生のミナミメダカの雌が受精卵を産み付けるのは，流れの緩やかな浅瀬で，卵を付着させるための適切な基質が備わっている場所と考えられる（**表2. 1**）。適切な基質とは，繊維状で，ある程度の硬さをもち，安定した状態にある植物である。このような場所の維持が野生メダカの繁殖を可能とし，その保全へとつながると考えられる。一方, 砂やコンクリートは産み付け基質にはならない。また植物については，ガマの茎のように水中部分が棒状の形態，水中で水流になびくあるいは水中に漂うような安定性に欠ける状態にあるものは卵の産み付けには不適切であると考えられる。実際の河川，池の管理・改修にあたってはこのような知見を活用すれば，野生メダカの保全がより効果的に行われることが期待できる。

さらに一連のフィールド調査の結果から，野生メダカの親魚が群れをなして泳いでいる場所（池や川の中央部）と卵を産み付ける場所（池や川の岸）は必ずしも同じではないことが明らかとなった（小林ら, 2012）。性成熟した親魚が群れている状態は繁殖行動ではなく，繁殖行動は1日のうちの特定の時刻に特定の場所で行われる。したがって，野生メダカが生存するだけの保全では繁殖ができる環境の維持につながらない可能性があり，生活史を完結する保全としては不十分であると考えられる。今後，繁殖行動および繁殖環境も考慮した保全がなされるべきであると考える。

表2. 1　野生メダカの繁殖に好適・不適と考えられる環境要因

好適な要因	不適な要因
・池，川などの岸の水の流れが緩やかであること。	・水の流れが速いこと。
・岸の水面近くに産み付け基質となる植物が生育していること。	・産み付け基質がないこと。
・産み付け基質となる植物は，繊維状である程度の硬さ，安定性があること。	・茎が棒状の植物や，水中に漂い安定性のない植物は産み付け基質として不適。 ・コンクリートは産み付け基質にはならない。ただし表面に植物が生育すると産み付けが可能となることがある。

5. 今後の課題

ある動物の保全をするには，生活史が完結できる環境を維持しなければその個体群は生き残らない。そのためにはその動物が生存できるだけでなく，特に繁殖ができる環境を維持する必要がある。しかし，これまで野生メダカが生存する環境についての知見は得られているものの，繁殖できる環境については十分とはいえない（沖津と勝呂, 2001；小林, 2002；濱口ら, 2003；佐原と細見, 2003；高村, 2007；坂本ら, 2009；端ら, 2013）。今後，野生メダカの保全を行うためには，研究者が繁殖生態についての知見を集積し，それらの研究成果を行政，地域住民に広く周知することが重要である（森, 2016）。そして得られた生物学的知見に基づいて，より科学的な保全がなされることを期待する。また，このような保全の取り組みが単に野生メダカのみにとどまることなく，日本の他の淡水魚類の保全にも発展することを強く望む。

謝辞

これまでのメダカの研究を行うにあたり，多大なるご協力，ご助言をくださった神戸女学院大学山本義和先生，横田弘文先生，遠藤知二先生，信州大学高田啓介先生，アクアマリンふくしまの皆様，せたがや野川の会の皆様に心より感謝いたします。また一緒に研究活動を行った国際基督教大学小林研究室の学生たちに感謝いたします。

小林牧人，上出櫻子，北川忠生，岩田惠理

コラム１　メダカの産卵行動の用語

雌雄のメダカによる一連の産卵行動では，いくつかの異なる種類の行動が連続して行われるが，これらの個々の行動を表す用語が日本語，英語ともに研究者によって異なることが多く，我々は使用する用語の統一を提唱している。我々が提唱するのは，本書でも使用しているが，Ono and Uematsu (1957) で使われたヒメダカの産卵行動の用語をもとにして，近年の国内外の研究者が使用する用語を参考に改訂したものである（図2. 1）（早川ら, 2012；小林ら, 2012；上出ら, 2016；須之部, 2017；Kobayashi *et al*., 2020）。大きな変更点としては，雌雄の放卵・放精の際の行動にしばしば使用されていた「交尾」という用語の使用をやめたことである。「交尾」とは生物学的には体内受精を行う動物に使用されるものであり，体外受精を行うメダカには必ずしも適切ではない。またこの用語の使用によりメダカが体内受精を行うかのような誤解を招く可能性がある。「交尾」に代わる用語として，「交接」，「抱接」などが使用された例がある（井尻, 1995；古屋, 2007）。「交接」は，必ずしも雌雄の体の接触がなくてもよく，雄がいったん環境中に放出した精子を雌が体内に取り入れるといった「間接交尾」による体内受精を行う動物の生殖行為に使用される場合が多く，これもメダカには適切とはいえない。メダカの一連の産卵行動において，雌雄が泌尿生殖口を近づけ体を密着（交叉）させた後，雄は背鰭と尻鰭で雌を抱えるような行動をとる。この状態で雌雄は体を震わせて放卵・放精を行う。ヒメダカの産卵行動の観察において，アメリカの研究者は雄が背鰭と尻鰭で雌を抱える行動を英語で「wrapping」，雌雄が放卵・放精のために体を震わせることを「quivering」と呼んでいる。そこでこれらの英語の用語を参考に，我々はこの部分の一連の行動の用語を「交叉」(contact)，「抱接」(wrapping)，「ふるわせ」(quivering) とした（図2. 1）。詳しくは早川ら (2012) および小林ら (2012) の論文を参照されたい。

次に述べるのは行動についての言葉づかいではないが，時々ヒメダカの遺伝的変異体を使った実験において，その対照群のヒメダカに対して野生型を意味する (wild type) という用語をあてている論文を目にすることがある。そもそもヒメダカは野生メダカとは異なる体色をもつ変異体であるため，野生型 (wild) という言葉は使えない。こういう場合は，単に対照群 (control) とするのが妥当である（第６章参照）。野生メダカこそがBorn to be “wild” である。

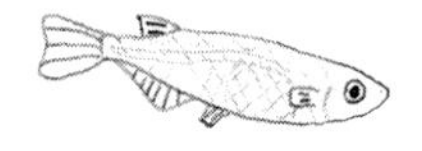

小林牧人

コラム2　メダカの産卵行動と産み付け行動（2段階の繁殖行動）

多くの魚類では産卵行動時に雌が放卵，雄が放精を行い受精が起こり，その直後に受精卵は浮遊，沈下あるいは基質に付着する。コイの仲間では産卵行動時に受精卵はすぐに水草などの産卵床（産卵基質）に付着することが知られている（図2. 6）。またキンブナ，キンギョでは産卵基質がないと産卵行動ができないことが実験的に明らかになっている（小林ら, 2019b）。メダカでも受精卵は水草などに付着するが，その様式はコイやフナの仲間とは少し異なる。図2. 1に示したとおり，ミナミメダカでも産卵行動により受精が起こるが，受精卵は雌の体から離れることはなく腹部に保持され，この時点で水草などに付着することはない。雌は数時間受精卵を腹部に保持した後，単独で水生植物などの「産み付け基質」に卵の産み付けを行い，雄はこの行動には関与しない（図2. 3，図2. 6）。このように，ミナミメダカの繁殖行動は雌雄による産卵行動と雌による産み付け行動の2段階で行われる。

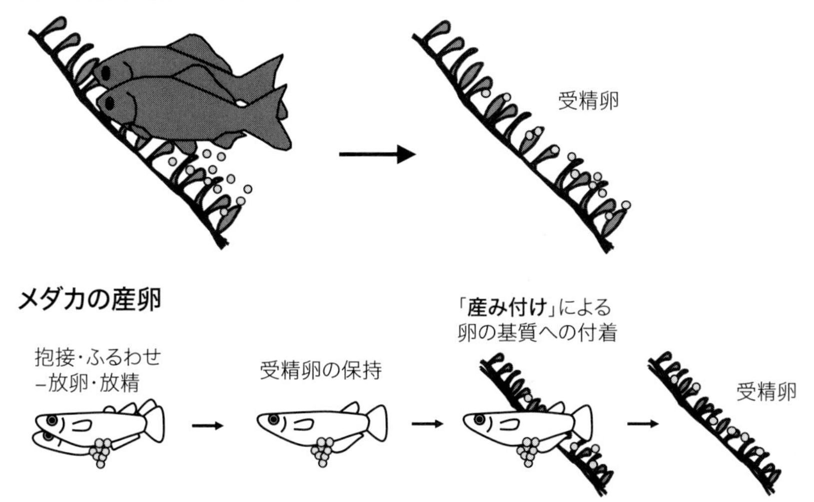

図2. 6　メダカの産卵行動と産み付け行動（2段階の繁殖行動）
コイやフナの仲間では，放卵・放精直後に受精卵は水草などの産卵基質に付着するが，メダカでは放卵・放精後，受精卵は雌の腹部に保持される。この産卵行動には水草などの基質は必要とせず，卵が基質に付着することもない。その後，雌が単独で水草などの産み付け基質に卵を付着させる。このようにメダカは2段階の繁殖行動を行う。

魚類の繁殖行動は受精様式，保護様式などによっても分類される。受精様式は体外受精か体内受精，保護様式は，無保護型，見張り型，体外運搬型，体内運搬型に分類される。見張り型は，親が卵に寄り添い，捕食者の排除，酸素の供給，死卵の除去などを行う様式である。体外運搬型は，卵を口内や育児嚢に収容したり，体表や鰭に卵を付着させて，親が卵をもち運び守る様式である。体内運搬型は，体内受精の魚類にみられるものである。メダカの場合は，体外受精で，雌が卵を一時的に腹部に付けて保護をするので体外運搬型に分類される(須之部, 2017)。

小林牧人

コラム3 メダカは日照時間の変化ではなく水温上昇で春を知る

メダカは寒い冬の間は産卵を行わず，暖かくなる春から夏にかけて産卵を行い，秋にやめる。このようにメダカには産卵期があるが，メダカは季節の変化をどのように感じて産卵を行っているのだろうか。この点については屋外で飼育したヒメダカで詳しく調べられている(淡路, 1990)。春になると水温が上昇し，14～20℃くらいになると産卵が開始するといわれている。このとき，同時に日照時間も長くなる(長日化)。しかしこの日照時間の長日化はメダカの産卵開始にとって重要ではない。屋外で飼育していたメダカを冬に実験室に持ち込み，飼育水温を14℃以上に上げ，日照時間を変えると長日(14時間明期)でも短日(10時間明期)でも性成熟して，産卵を開始する。つまりメダカは春の水温の上昇を感じて産卵を開始しており，日照時間の長日化は関与していないことがわかる。

一方，秋になると夏より水温は低下するが，水温がまだ十分高くてもメダカは産卵をやめる。興味深いことに，このとき，メダカは短日化(14時間明期より短い日照時間)を感じることで産卵をやめることがわかっている。このような1日の日照時間の変化に対する反応性を光周性という。メダカは春は光周性がなく水温の上昇で産卵を開始し，夏の間に光周性が発達して，秋の短日化により産卵が終了する。そしてこの光周性は冬の間に消失する。ただし，実験室でヒメダカ由来の系統(d-rR系統)を一定水温(27℃)で長期間飼育すると，常に光周性が保持され，長日(14時間明期)で産卵が起こり，短日(10時間明期)で産卵をやめるという(東京大学神田真司博士 私信)。同じ水温で日照条件を変えて魚の成熟度を人為的に調節できるので，研究にはとても便利だそうである。春の水温上昇で産卵を開始し，秋の短日化で産卵をやめる同様の現象はメダカだけでなく，タイリクバラタナゴでも知られている(朝比奈, 1996)。なぜこのように季節によって光周性が発現・消失するのか，その仕組みはまだ解明されていない。生物学的な意味からは，メダカは春から夏の水温上昇により稚魚の餌が豊富になることを予想して産卵を行い，秋はまだ十分水温が高くても次に来る季節が餌のない冬であることを日照時間の短縮によって予想し，産卵をやめると解釈できる。

産卵期には，ほぼ毎日産卵行動と産み付け行動がみられる。雄はどのように産卵可能な(排卵した)雌を識別しているのだろうか。池で野生のミナミメダカを観察していると，雄はこれから産卵しようとする雌だけでなく産卵を終えて腹部に受精卵をもつ雌や，雄に対しても求愛行動を行う(小林

ら, 2012)。またヒメダカではメダカの模型に対しても雄が求愛行動を行うことが知られている(Ono and Uematsu, 1968)。すなわち，雄は視覚的にメダカっぽい形をしたものに求愛行動を行っていることがわかる。しかし雌から雄への刺激は視覚だけではない。ヒメダカの雄の鼻孔に糊を詰めて嗅覚を遮断すると，求愛行動は行うが抱接は行わなくなる(早川ら, 2012)。排卵した雌は雄の嗅覚を刺激する物質(フェロモン)を放出し，雄の抱接を誘起していると考えられる。排卵した雌が雄に対してフェロモンを放出することはキンギョでも知られている。キンギョでは雌からのフェロモンにより雄の追尾，放精行動が誘起される(小林, 2015)。メダカの産卵行動においては，雄にとって前半が雌からの視覚刺激，後半は嗅覚刺激が重要であると考えられる。

小林牧人

コラム4　津波に耐えたアクアマリンふくしまのミナミメダカ

福島県いわき市にある水族館のアクアマリンふくしまでは，2005年に敷地内にビオトープを造成した。このビオトープでは，さまざまな植物が植えられているだけでなく，池，水路，水田，湿地といった水域が作られ，ミナミメダカをはじめとする種々の淡水魚が放流された。これらの魚類の多くは，給餌などの人の世話を受けることなく自然繁殖していた。しかし2011年の東日本大震災による津波により，当水族館は大きな被害を受けた。ビオトープも地上から高さ5mにも及ぶ海水に覆われ，水域内の魚類のほとんどは流出し，高塩分により死滅した。しかしミナミメダカだけは，ある程度の個体が津波に流されずに水域内にとどまって生きていたのである。もともとミナミメダカは塩分耐性をもつため高塩分の海水にも耐えることができたと考えられるが，どうして津波により流されなかったのかは不明である。この津波に耐えたミナミメダカは，現在に至るまで自然繁殖を続けている。ビオトープ内に生息していた魚類の中でもっとも小さいと思われるミナミメダカが，津波の際に最も多く生き残ったことは驚異である。押し寄せた津波が引く間，ミナミメダカはどこでどのように身を潜めていたのだろうか。生物学的に，また保全の観点からもたいへん興味深い。ビオトープは里地の水域を模したものであり，おそらく水位の上昇が起こってもミナミメダカが身を潜めるシェルターとなる構造がどこかに存在していたのではないかと考えられる。もしこれが都会の河川にみられる3面コンクリートの構造であったとしたら，ミナミメダカは津波とともに海へ流されていたのではないだろうか。個体の生育，繁殖に加え，大雨，干ばつなどによる大きな環境の変化をしのげる構造を含んで生息地を維持するということも，魚類の保全を考えるうえで重要な項目のひとつであろう。

小林牧人，岩田惠理

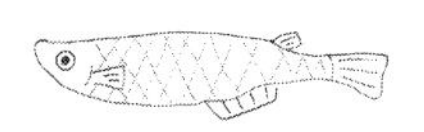

コラム５　童謡「めだかの学校」と野生メダカの行動観察

童謡「めだかの学校」は，多くの人に親しまれているメダカの歌である。作詞茶木滋，作曲中田喜直による名曲である。歌の１番の冒頭が「めだかの学校は川のなか」とあることから，これが野生メダカを指していることはいうまでもない。作詞者の茶木滋は小田原市在住であったことから，このメダカはミナミメダカであると推定できる。歌はその後，「そっとのぞいてみてごらん」と続く。我々の野生メダカの行動観察はまさにそっとのぞいてみてごらん，であった。神戸女学院大学の万葉池でミナミメダカの観察をした際，池から３mほどのところまで近づくと，メダカたちは我々を感知していっせいに池の反対側に逃げていった。近づくと餌をもらえるのかと寄ってくる水槽の中のヒメダカとは大きく異なった。池の岸にたどり着いてじっと石のように動かないでいると，５分から10分ほどでメダカたちは戻ってきて個々の行動を再開する。ここでやっと我々はメダカの行動観察を開始する。長い時間同じ姿勢でずっと動かずに観察をしていると疲労する。そして観察者のうちの誰かがうっかりしゃがんだり立ったりすると，メダカはその動きに反応して逃げ出し，行動観察はまたふりだしに戻る。本文中にも書いたが，少し離れたところのメダカの行動観察には双眼鏡が非常に有効であった。腹部に卵塊を保持している雌，婚姻色で腹鰭が黒くなった雄など，双眼鏡を通して細かい形態の識別ができた。

歌の１番，２番の最後にそれぞれ，「みんなでおゆうぎしているよ」と「みんなでげんきにあそんでる」とあるが，これはもしかすると作詞者は雄の求愛行動あるいは攻撃行動を見たのかもしれない。たしかに雄の「求愛円舞」は，雄がくるりと雌の前を回る行動なのでおゆうぎという表現は当たっているように思える。だとすると，作詞者はこの行動を午前中に見ていた可能性が高い。

歌の２番には「だれが生徒か先生か」と歌われているが，これも生物学的には興味深い。哺乳類や鳥類の群れでは多くの場合リーダーがいるが，魚類の群れではリーダーがいないのが特徴であることが知られている。だから誰が生徒で誰が先生かわからなくても納得がいく。ちなみに生態学では，行動をともにしている魚の集まりを「群れ」(school) といい，単に個体が集まっただけの魚の集まりを「群(むら)がり」(aggregation) という。水の流れのほとんどない万葉池のミナミメダカではどちらのケースも観察された。

歌の３番の最後の「みんながそろってつーいつい」は，川の流れに流されないようにメダカが群れ (school) を作って泳いでいる状態を作詞者が見た

ものと思われる。英語で魚の「群れ」のことをschoolというのはとても興味深い。他の動物の群れにはschoolは使わない。

最後に，双眼鏡以外で野生メダカの行動観察において役立った道具を紹介しておく。これは最初の「そっとのぞいてみてごらん」と関係がある。曇天時，夕暮れ時，冬季は野生メダカの体色は保護色の効果が増すため，観察者はメダカを見つけるのが困難であった。体色は池に沈んだ落ち葉の色と似ていた。また頭の筋の模様は，池に浮いた小枝ととてもよく似ていた。野生メダカの自然界における体色と模様の意味がわかったような気がした。このような状況下で，メダカを見つけた観察者が他の観察者にその場所を教えようと，指で「あのへんにいる」と腕を上げて指示をすると，メダカは例のごとくその動きに反応して逃げていってしまった。そこで我々が使用したのが，赤色または緑色のレーザーポインターである。レーザーポインターを使用すると観察者が体を大きく動かすことなく，メダカのいるところを他の観察者にピンポイントで教えることができた。レーザーポインターの光が直接眼に当たらない限り，メダカは反応しなかった。ただしこの方法は，晴天の日差しの強いときには使えなかった。

我々はメダカの行動観察に実験室内のヒメダカも用いているが，いつも人工条件下でメダカ本来ではない行動をさせたものからデータをとっているのではないかと自問している。なぜなら野生メダカの保全には野生メダカ本来の行動を知ることが重要だからである。フィールド調査では，ガラス水槽内のヒメダカからは得られないメダカ本来の情報が得られる。そして その過程には不思議な醍醐味があり，野生メダカの自然の中での営みが少しだけわかったような気がした。野生メダカの歌を作ってくださった茶木氏，中田氏に深く感謝する。

小林牧人

● 引用文献

赤川泉：産卵と子の保護．*In*: 魚類生態学の基礎（塚本勝巳（編）），恒星社厚生閣，東京，2010, pp. 223–241.

Asai, T., H. Senou and K. Hosoya: *Oryzias sakaizumii*, a new ricefish from northern Japan (Teleostei: Adrianichthyidae). Ichthyological Exploration of Freshwaters, 22: 289–299, 2011.

朝比奈潔：生殖周期とその調節．*In*: 水族繁殖学（隆島史夫，羽生功（編）），緑書房，東京，1996, pp. 103–131.

淡路雅彦：メダカの生殖年周期の成立．遺伝，44: 52–56, 1990.

Grant, J. W. A., M. J. Bryant and C. E, Soos: Operational sex ratio, mediated by synchrony of female arrival, alters the variance of male mating success in Japanese medaka. Animal Behaviour, 49: 367–375, 1995.

濱口哲，中川実紀，藤巻玲，酒泉満：新潟地域のメダカの生活史．*In*: 弥彦山・角田山とその周辺の環境科学–弥彦山プロジェクト研究報告書–（2003. 3）（新潟大学理学部自然環境科学科（編）），新潟大学，新潟，2003, pp. 37–45.

端憲二：メダカはどのように危機を乗り越えるか．農文協，東京，2005, 154 pp.

端憲二，皆川明子，金尾滋史：どうすれば魚は田んぼで繁殖できるか？．海洋と生物，35 (3)：202–207, 2013.

早川洋一，瀧田真平，菊池一也，吉田彩夏，小林牧人：メダカ *Oryzias latipes* の産卵行動における嗅覚の関与．魚類学雑誌，59: 111–124, 2012.

細谷和海：ほ場整備がもたらす水田生態系の危機．*In*: 田園の魚をとりもどせ！（高橋清孝（編）），恒星社厚生閣，東京，2009, pp. 6–14.

細谷和海，小林牧人，北川忠生：野生メダカ保護への提言．海洋と生物，39 (2)：138–142, 2017.

井尻憲一：宇宙実験メダカのすべて．RICUT，東京，1995, 57 pp.

岩松鷹司：メダカ学全書．大学教育出版，岡山，2018, 672 pp.

岩田惠理，坂本幸多朗，大河内拓也，佐々木秀明，安田純，小林牧人：ビオトープ内の水域における野生ミナミメダカ *Oryzias latipes* の卵の産み付け場所．自然環境科学研究，28: 11–21, 2015.

上出櫻子，清水彩美，小井土美香，信田真由美，小南優，吉澤茜，小山理恵，早川洋一，小林牧人：雌ミナミメダカにおける卵の産み付けに好適な環境条件．自然環境科学研究，29: 31–39, 2016.

上出櫻子，小南優，小林牧人：ヒメダカの卵の産み付けにおける水深の選好性．自然環境科学研究，30: 1–4, 2017.

上出櫻子，土師百華，北川忠生，小林牧人：近畿大学奈良キャンパス内希少魚ビオトープおよび東京都野川におけるミナミメダカの卵の産み付けの環境条件．自然環境科学研究，31: 1–7, 2018.

上出櫻子，木村恵美，小林牧人：異なる水深によるメダカ受精卵の孵化率および孵化日数への影響．自然環境科学研究，2020, 印刷中．

環境省："環境省レッドリスト2019の公表について"，別添資料2環境省レッドリスト2019. http://www.env.go.jp/press/106383.html（2019年3月21日閲覧）．

Kinoshita, M., K. Murata, K. Naruse and M. Tanaka (Eds.): Medaka: Biology, Management, and Experimental Protocols. Wiley-Blackwell, 2009. 444 pp.

Kinoshita, M., K. Murata, Y. Kamei, K. Naruse and M. Tanaka (Eds.): Medaka: Biology, Management, and Experimental Protocol, Vol 2. Wiley-Blackwell, 2020, 368 pp.

Kitamura, W. and M. Kobayashi: The effect of water flow on spawning in the medaka, *Oryzias latipes*. Fish Physiology and Biochemistry, 28: 429–430, 2003.

小林尚：長野県北部の水田地帯におけるメダカ *Oryzias latipes* の成長と移動様式．長野県自然保護研究所紀要，5: 9–14, 2002.

小林牧人: キンギョの性行動とホルモン. 海洋と生物, 37 (6) : 576－584, 2015.

小林牧人, 頼経知尚, 鈴木翔平, 清水彩美, 小井土美香, 川口優太郎, 早川洋一, 江口さやか, 横田弘文, 山本義和: 屋外池における野生メダカ *Oryzias latipes* の繁殖行動. 日本水産学会誌, 78: 922－933, 2012. (本文中に電子付録データのURLが記載されているが, 間違いがあり, 以下に正しいURLを示す)
https://www.jstage.jst.go.jp/article/suisan/78/5/78_922/_article/-char/ja

小林牧人, 頼経知尚, 小井土美香: 繁殖行動の視点からの魚類の保全. *In*: 魚類の行動研究と水産資源管理 (棟方有宗, 小林牧人, 有元貴文 (編)), 恒星社厚生閣, 東京, 2013, pp. 89－100.

小林牧人, 上出櫻子, 岩田惠理: 野生メダカの繁殖生態と保全-メダカはどこで卵を産むか？-. 海洋と生物, 39 (2) : 113－119, 2017.

小林牧人, 関加奈恵, 松尾智葉, 岩田惠理: ミナミメダカ受精卵の乾燥耐性. 自然環境科学研究, 32: 1－5, 2019a.

小林牧人, 黑栁仁志, 大友明香, 早川洋一. キンギョおよびキンブナの産卵行動における産卵基質の関与. 自然環境科学研究, 32: 7－13, 2019b.

Kobayashi, M., S. Kamide, H. Yokota and E. Iwata: Reproductive behavior of wild Japanese medaka. *In*: Medaka: Biology, Management, and Experimental Protocol Vol 2. (M. Kinoshita, K. Murata, Y. Kamei, K. Naruse and M. Tanaka Eds.) , Wiley-Blackwell, 2020, pp. 205－213.

古屋康則: メダカに見られる2種類のスニーキング行動. *In*: 今, 絶滅の恐れがある水辺の生き物たち (内山りゅう (編)), 山と渓谷社, 東京, 2007, p. 155.

Koya, Y., Y. Koike, R. Onchi and M. Munehara: Two patterns of parasitic male mating behaviors and their reproductive success in Japanese medaka, *Oryzias latipes*. Zoological Science, 30: 76－82, 2013.

森誠一: 積極的保全: 何を目指し, どのように守っていくか？. *In*: 淡水魚保全の挑戦 (日本魚類学会自然保護委員会 (編)), 東海大学出版部, 平塚, 2016, pp. 299－314.

棟方有宗, 田中ちひろ, 遠藤源一郎: 仙台の野生メダカの保全に向けた取り組み. 海洋と生物, 39 (2) : 131－137, 2017a.

棟方有宗, 北川忠生, 小林牧人: 日本の野生メダカの保全と課題. 海洋と生物, 39 (2) : 107－112, 2017b.

中尾遼平, 入口友香, 周翔瀛, 上出櫻子, 北川忠生, 小林牧人: 東京都野川のミナミメダカにおける外来遺伝子の河川内分布現況. 魚類学雑誌, 64: 131－138, 2017.

Naruse, K., M. Tanaka and H. Takeda: Medaka, a model for organogenesis, human disease, and evolution. Springer, 2011. 387 pp.

沖津由季, 勝呂尚之: メダカを中心とした小田原市桑原・鬼柳農業用水路の魚類. 神奈川自然誌資料, 22: 51－59, 2001.

Ono, Y. and T. Uematsu: Mating ethogram in *Oryzias latipes*. Journal of the Faculty of Science, Hokkaido University. Series VI, Zoology, 13: 197－202, 1957.

Ono, Y. and T. Uematsu: Experimental analysis of the sign stimuli in the mating behavior in *Oryzias latipes*. Japanese journal of ecology, 18: 65－74, 1968.

坂本啓, 谷合祐一, 須藤篤史, 小畑千賀志, 花輪正一, 太田裕達, 高橋清孝: メダカ-農業水路の保全で復元-. *In*: 田園の魚をとりもどせ！ (高橋清孝 (編)), 恒星社厚生閣, 東京. 2009, pp. 98－104.

佐原雄二, 細見正明: メダカとヨシ. 岩波書店, 東京, 2003, 186 pp.

須之部友基: 繁殖行動. *In*: 魚類学 (矢部衛, 桑村哲生, 都木靖彰 (編)), 恒星社厚生閣, 東京. 2017, pp. 220－236.

高村健二: 分布確認地点にもとづくメダカ生息適地推定. 保全生態学研究, 12: 112－117, 2007.

Takehana, Y., N. Nagai, M. Matsuda, K. Tsuchiya and M. Sakaizumi: Geographical variation and diversity of the cytochrome b gene in Japanese wild population of medaka, *Oryzias latipes*. Zoological Science, 20: 1279－1291, 2003.

横井佐織, 坂本竜哉, 坂本浩隆, 竹内秀明: ヒメダカの三角関係（雄, 雄, 雌）における勝者を決めるホルモン. 海洋と生物, 37 (6) : 591－597, 2015.

第3章

野生メダカの遺伝的多様性と飼育品種メダカの遺伝的特徴

1. はじめに

「メダカ」は，かつては日本中の水田，小川やため池で見られた日本人にとって最もなじみの深い淡水魚であるが，このメダカが2つの「種」に分けられていることはご存知だろうか。最近まで，日本に生息するメダカは*Oryzias latipes*という学名※1が与えられた1種のみとされていたが，2011年に発表された分類学の論文によって，本州北部の日本海側に生息するものが新種とされ，キタノメダカという標準和名※2と*Oryzias sakaizumii*という新しい学名が与えられたのである(Asai *et al.*, 2011；瀬能, 2013)。この新しい学名は，この地域のメダカがその他の地域とは遺伝的に大きく分化していることを発見した，当時新潟大学の教授であった酒泉満博士の名にちなんだものである。これに伴い，これ以外の西日本全域と中部東日本の太平洋側の地域にすんでいるものについては，学名は従来の*Oryzias latipes*そのままで，新たにミナミメダカという標準和名が与えられた。つまり，メダカという言葉は，学術的には種の標準和名として存在せず，2つの種を同時に示す総称になった(**口絵写真1**)。したがって，正式にはメダカではなく，メダカ種群*Oryzias latipes* species complexである。とはいえこれではややこしいので，本章では2種からなる野生種の総称を「野生メダカ」と呼ぶことにする。

生物学の研究の世界ではメダカ(ヒメダカ，飼育品種メダカ，**口絵写真2**)はモデル生物として用いられているため，前述の分類学上の変更は多くの研究者に影響を及ぼしている。今まで実験に使っていたメダカがどちらの種なのか(だったのか)を，明確にする必要が出てきたのである。このこともあってか，日本のメダカを2つの種に分けることには今も異議が唱えられており(尾田, 2016)，とりわけ，実験動物として用いている研究者の間ではあまり受け入れられていないように見受けられる。将来，分類が見直され，

※1　生物の世界共通の学術的な名前。ラテン語で表記する。

※2　生物の学名に対応した日本語名。

メダカは再びもとどおりの1種にまとめられる可能性がある一方で，逆にさらに細かな種に分けられていく可能性もある。これらの種の分類を変更する背景にあるのは，DNA分析をはじめとする遺伝学的な研究の進展であり，これによりこれまで形態などの目で見える情報からは認識できなかった，各地域の集団がもつDNA情報の違いを読み取ることが可能になったことによる。

わが国において野生メダカは，この30年あまりの間に農地改革や河川改修による生息地の減少，農薬の使用，外来種の分布拡大などによって減少し，自然環境下ではその姿があまり見かけられなくなっている。このため，絶滅の危険性の高い生物を掲載する環境省作成のレッドリストでは，2種ともに絶滅危惧種である「絶滅危惧II類」というランクに掲載されている（環境省，2019）。レッドリストにメダカが登場したのは1999年のことである（当時，野生メダカはまだ1種であった）。誰もが知っている身近な魚が絶滅危惧種に指定されたというニュースは，日本中に大きな衝撃を与えた。このような状況を踏まえ，身近な魚であるメダカを守ろう，すでに失われた地域では取り戻そうと，全国各地で保全活動が進められている。しかし現在，野生メダカが絶滅の危機に瀕している一方で，全国各地の鑑賞魚販売店やホームセンターのペットコーナーの店頭では，メダカがごく普通に販売されているのである。これらには野生メダカとは明らかに違う見た目のものが多くいるが，見分けのつかないものも含まれている。絶滅危惧種の野生メダカと，店で簡単に入手できる飼育品種の間にはどのような違いがあるのだろうか。そもそも，ミナミメダカとキタノメダカを見分けられる人がどれほどいるのだろうか。多くの人々にとって，見た目での違いがわからないものについて，それらの間に内在する違いが意識できないのは自然である。しかしながら，その見えない違いを認識できないことが，野生メダカをよりいっそうの危機に陥らせているという実態につながっている。見た目は同じでも，それぞれが遺伝子レベルでは異なるということを認識していないために，第4章と第5章で詳しく紹介する遺伝的な撹乱によって，本来，それぞれの地域のメダカがもっている特性や将来に向けてもつべき可能性を摘み取っているということなのである。

本章では，野生メダカにおいて生じている遺伝子レベルの危機を理解するための基礎情報として，野生メダカが本来もつ遺伝的多様性と，現在流通している飼育品種の遺伝的特徴についてまとめていく。

2. 日本の野生メダカの地理的分化

日本の野生メダカは，北海道を除く国内全域に自然分布している。1990年代までよく行われていた，アロザイム分析というタンパク質レベルで個体間の遺伝的な違いを識別する解析法により，全国の野生メダカは「南日本集団」と「北日本集団」と呼ばれる遺伝的に大きく異なる2つのタイプに分けられていた(Sakaizumi, 1983)。ただし，これらに対して従来使われてきた「集団」という用語は，狭義には実際に繁殖している一群を，広義には個体の移動が恒常的あるいは一時的に潜在的に可能で交配できる一群を示している(なお，この集団という用語は，生態学でいう個体群と同義である)。淡水魚の場合，地理的には同じ地域としてまとめる場合であっても，陸地によって遮られた異なる水系に生息しているものをまとめて単一の集団とすることは明らかに不適切である。そのため，本章ではこれらの名称を複数の集団の集まりである「集団群」と呼ぶことにする。これらの南日本集団群と北日本集団群はその後，両者間のDNAの塩基配列の違いが大きいことや，形態，行動に差異があることを根拠として，冒頭で紹介したようにミナミメダカとキタノメダカという別種として分類された(Asai *et al*., 2011)。しかし，この分類については，生殖的隔離，すなわち両者間で交雑がないことや健全な雑種個体が産まれないことをもって別種とする生物学的種概念(Mayr, 1999)からは，疑問がもたれているのである(コラム6参照)。この2種は，少なくとも飼育下では，まったく問題なく交配して正常な繁殖能力をもつ個体を産する。また，自然界においてもこの2種が混在する場所では，自由に交配して世代を重ねていることも明らかになっている(Iguchi *et al*., 2018)。したがって，これら2種は生殖的に隔離されていない。つまり生物学的種概念を適用するとこれらは同種となる(コラム12参照)。しかし，この2種の間の大きな遺伝的分化は，ミトコンドリアDNA (mtDNA) の分子時計の適用により推定されており，その分岐年代は研究者によって400万〜500万年前とも(Takehana *et al*., 2003)，約1,800万年前(Setiamarga *et al*., 2009)ともいわれている。ちなみに，ヒトとチンパンジーは450万年前に分化したと推定されているので，野生メダカの2種は短い方の見積もりを採用してもヒトとチンパンジーの間に匹敵するほど大きな分化を遂げているのである。この際，両者が単一種なのか別種なのかの結論は別として，2つの集団群の分岐が非常に古い時代であったことは間違いなく，まったく同じものとして扱うことはできないのは理解できる。

野生メダカにおける遺伝的分化は，両集団群(種)の間だけではなく，それぞれの集団群の中にも認められている。個体間でみられるタンパク質の構造の違いやDNAの塩基配列の違いは異なる「遺伝子型」として認識されるが，野生メダカでは本来生息しているそれぞれの地域集団に含まれる遺伝子型の種類を比べてみると，明らかに違うことがわかっている。ミナミメダカでは，一定の地域に存在する集団がそれぞれに固有な遺伝子型をもつまとまりがあり，各地域の集団はその構成から大きく「東日本型」，「東瀬戸内型」，「西瀬戸内型」，「山陰型」，「北部九州型」，「大隅型」，「有明型」，「薩摩型」および「琉球型」の9つの「地域型」に分けることができる（酒泉, 2000）（**図3. 1**）。これらの地域型の間での遺伝子型の明確な違いは，もともとミナミメダカのDNAの塩基配列がもっていた多様性の一部がそれぞれ隔離された地域の中で固定されたり，各地域の中で新たにDNA上に生じた突然変異が蓄積された結果生じたものだと考えられる。一方のキタノメダカにおいても，日本海側のミナミメダカの分布の境界にあたる丹後地方に，他の地域とは遺伝的に少し異なる「境界集団群」と呼ばれる不連続的に分布した集団群が存在している。もともとこの集団群は「ハイブリッド集団群」と呼

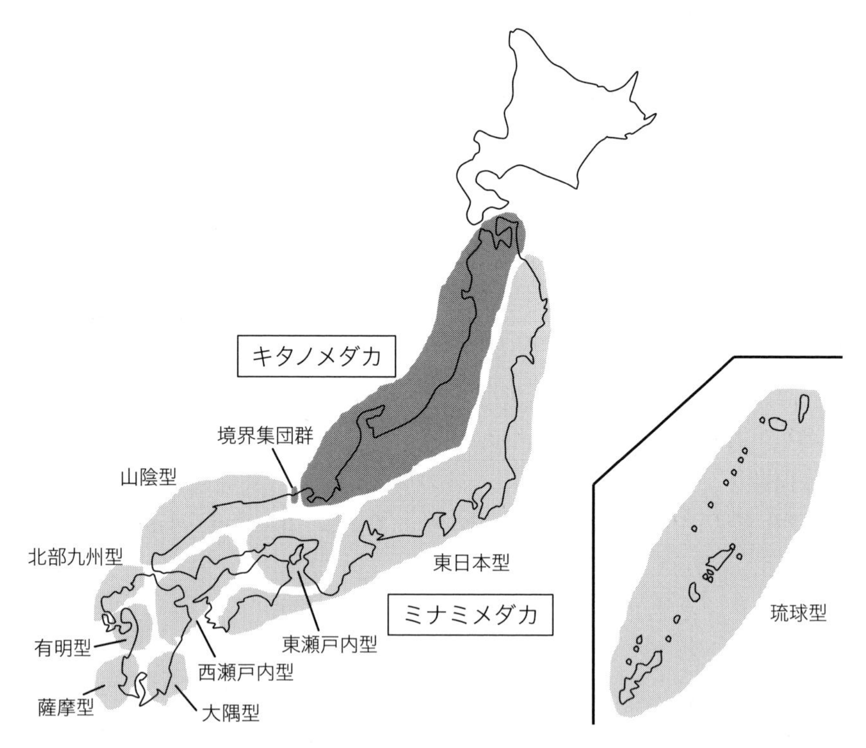

図3. 1　日本産野生メダカの地理的分化の概要
ミナミメダカはタンパク質やDNA分析による遺伝子型の違いから9つの地域型に，キタノメダカは境界集団群とそれ以外の2つに大別される。酒泉（2000）とTakehana *et al.*（2016）を参考に作成。

ばれ，遺伝子型の解析からキタノメダカとミナミメダカの交雑により生じた集団群だと考えられていた。しかし，近年の次世代シーケンサーという最新のDNA分析の機器を用いた全ゲノムを対象とする研究成果では，この集団群が基本的にはキタノメダカから分化した集団，またはキタノメダカの祖先となった集団であると報告されている（Takehana *et al.*, 2016；Katsumura *et al.*, 2019）。これらの研究は，野生集団ではなくおもに長期にわたり人の手で系統保存されている個体を用いていることや，結果の解釈にも不自然な点があるなどの問題があるが，境界集団群が他のキタノメダカとは遺伝的に異なっていることは確かである。このようにミナミメダカでもキタノメダカでも，単一種とされる中にすでに地域ごとに明確に遺伝的分化が進んでいる集団群が含まれており，これらを同一のものとして扱っていいはずはない。

現在，遺伝学的な調査において野生メダカの2種や地域型の識別によく用いられているのは，mtDNA上の特定の領域の塩基配列情報である。細胞内小器官のミトコンドリアが独自にもつmtDNAは，核DNAに比べて塩基配列に生じた変異を速く蓄積するため，分化してあまり時間が経っていない種内の地域間の遺伝的差異を反映しやすい。また母系遺伝といって母親由来のDNAのみが次世代に伝えられる遺伝様式をもつため，両性から伝えられる核DNAよりも分析操作や解析自体が簡易であるという利点がある。特にmtDNA上にあるチトクローム*b*（cyt*b*）遺伝子は，野生メダカの地理的分化の研究によく用いられており，その塩基配列情報がDNAデータバンク上にも多く蓄積されている。そのため，各個体がもつこのcyt*b*の塩基配列を解析することにより，それぞれの地域に生息する野生メダカの遺伝的な固有性を明確に認識できる。逆にいえば，ある個体のcyt*b*の塩基配列を決定すれば，それがどの地域型に属するのかを識別することができるのである。ただし，実際は，塩基配列を決定して比較する分析は手間や費用，時間がある程度かかってしまう。現在はその簡易分析法として制限酵素断片長多型を用いたPCR-RFLP法がよく用いられている（Takehana *et al.*, 2003，詳しくは第5章参照）。

この分析により，国内のメダカには67種類の遺伝子型（マイトタイプ）が認識でき，それぞれの種や地域型を構成するマイトタイプは明確に異なっているため，現在，野生メダカの遺伝的分化の基礎情報として活用されている。この情報をもとに，ある地域で採集した個体からその地域に本来いないはずのマイトタイプが検出されれば，それは人為的な移殖によりもたらされたものと考えられる。具体的な調査結果は第5章で述べる。

さまざまなメダカの仲間が，東南アジアから東アジアにかけて分布しており，日本の野生メダカときわめて近縁な集団群が朝鮮半島をはじめとするアジア大陸東部に生息している。これは，日本の野生メダカが，ある時期にアジア大陸からわたってきた魚であることを物語っている。もともとアジア大陸に生息する単一種であった日本の野生メダカの祖先は，日本列島がアジア大陸から離れていく際に，別々の島として引き裂かれた東北日本と南西日本それぞれに隔離され2種に分化したという説がある(Setiamarga *et al.*, 2009)。これに対し，日本列島が独立した後に九州北部で分化したミナミメダカが西方と南方に分散し(「出・九州北部」)，丹後地方で分化したキタノメダカが日本海側を東に分散した(「出・丹後」)とする説も提唱されている(Katsumura *et al.*, 2019)。まだまだはっきりしたことはわかっていないが，我々が住む日本列島の形成と深く関わったであろうその長い歴史の物語にはロマンを感じざるを得ない。

いずれにしても，長い歴史が，日本の野生メダカに種，地域型，集団ごとに少しずつ違った特性をもたらし，今後，それぞれがさらに違ったものへと進化していく可能性をもっていることに間違いはない。実際，近年では，地域の集団間にこのような塩基配列の違いだけではなく，微妙な形態的な差異や，各地域に応じた適応度の違い，例えば温度耐性の違いが存在することも認識され始めている(Yamahira *et al.*, 2007；Yamahira and Nishida, 2009)。また，より詳しい分析を行えば，同じ地域型の集団の間にも，さらには同じ集団の中の個体の間にも，塩基配列に違いが存在していることが明らかになるだろう。このような違いが，さらにそれぞれの個性を生み出している。このように野生メダカは，生息する地域によって異なる特性をもっていることを改めて認識する必要がある。それぞれの地域にそこで進化した集団の固有性を残すことこそ，本当の意味での野生メダカの保全になるのである。

3. 販売されているメダカの遺伝的特徴

現在，観賞魚販売店などで販売されている飼育品種の中には，野生メダカと見た目が変わらない，いわゆる野生型の品種と，明らかにこれとは体色や体型が異なる観賞用品種が存在している。野生型の品種はクロメダカとも呼ばれ見た目も地味であるため，今や店頭で見かけることもまれである。一方，観賞用品種の飼育はここ10年あまりの間に人気が高まっており，専門の雑誌やウェブサイトだけでなく，全国各地の鑑賞魚販売店やホームセンターのペットコーナーの店頭で，さまざまな体色をもつもの(ヒメダカ，

シロメダカ，アオメダカ，楊貴妃メダカなど）や，さまざまな体形をしたもの（ダルマメダカ，ヒカリメダカなど）を見ることができる。さらに，これらの体色と体形の変異を掛け合わせたものを含めると，約500品種ほど（2018年時点）が養殖・販売され，日本全国ばかりでなく海外にも流通しているという。メダカの飼育品種の作出は，飼育の容易さと世代交代の速さから手軽に行うことができ，養殖業者だけでなく一般愛好家でも幅広く行われている。その結果として，いまではキンギョに勝るとも劣らないほどの多くの品種が誕生している。これらの多様な飼育品種も，もともとは野生メダカを起源としており，特定の遺伝子上に自然に生じた突然変異を固定することにより作り出されている。いうなれば，これらの飼育品種の多様性は，野生メダカがもつ遺伝的多様性を目に見えるかたちに表現したものにすぎない。したがって，飼育品種の基本的な遺伝子の種類や数，それぞれの染色体上の位置などのゲノム構成は野生メダカとほとんど変わらず，塩基配列の中のいくつかの遺伝子に変異をもっていることや，地域性がないことを除いて，野生メダカと本質的な違いはない。つまり，あくまでも種（種群）内の変異であり，野生メダカと飼育品種間では交雑して子孫を残すことが可能である。

3. 1. ヒメダカの黄体色

飼育品種の中でも体色が黄色い「ヒメダカ」と呼ばれるものは，それ自体が観賞用であるとともに，安価で入手しやすいことから，他の肉食性観賞魚の餌としても利用されてきた（**口絵写真2**）。また，飼育や繁殖が容易であることから，小学生の理科の教材としても扱われており，わが国で最も身近でなじみの深い魚のひとつとなっている。近年，このヒメダカが日本各地の河川や水路などで頻繁に目撃されている。その原因として，生産現場であるヒメダカ養殖池からの流出や飼育個体の遺棄的放流，誤った認識に基づいた環境保護活動を目的とした放流が考えられる。ヒメダカは野生メダカ（ミナミメダカ）の体色を構成する4種類の色素（黒色，黄色，白色，虹色）のうち，遺伝子に生じた突然変異によって体表皮の黒色素が合成されなくなったものであることがわかっている。もう少し詳しく述べると，表現型としてのヒメダカの黄体色は，メンデルの遺伝法則に従った潜性（劣性）形質として遺伝することが古くから知られていたが，現在ではその原因がミナミメダカの体表皮の黒色素の発現に関連する遺伝子（通称「*B*遺伝子」，正確には*Slc45a2*遺伝子）の塩基配列の一部の欠損によることが特定されている（Fukamachi *et al.*, 2001, 2008）。

ヒメダカがどの地域で誕生し，どのような経緯で現在まで維持されてきたかの詳細はわかっていないが，江戸時代の浮世絵『梅園魚譜』にキンギョやコイなどとともに観賞魚として描かれていることから，少なくとも200～300年前には存在しており，野生で生じていた突然変異をキンギョの養殖業者などが長年維持してきたものと考えられている(江上, 1981)。ちなみに,『梅園魚譜』には，ヒメダカからさらに黄色の体色素が失われたシロメダカも描かれており，これらの品種が長い間人々から愛され，受け継がれてきたことを物語っている。ヒメダカと野生メダカは容易に交雑し，正常な繁殖能力のある野生型の体色をもつ子が産まれ，世代を継いでいけることは実験的にもわかっている。また筆者らの観察実験により，群れ形成や交配相手の選択において野生メダカとヒメダカの体色の違いはまったく影響しないことがわかっている(Nakao and Kitagawa, 2015)。これは，自然環境下に放たれたヒメダカの遺伝子が野生メダカの集団内に容易に侵入し，残っていくことを示す。しかし，実際にこのようなことがどの程度起きているのかは不明であったため，筆者らはその調査を行ってきた。その結果は第5章に示す。

現在，ヒメダカは，おもにキンギョの養殖が盛んなことで知られる愛知県弥富市や奈良県大和郡山市，熊本県玉名市，新潟県新潟市周辺において養殖されている。ヒメダカは長期にわたり人間によって維持されてきた飼育品種であり，多くの生物学分野の研究のためのモデル生物としても利用されてきた。しかしながら，ヒメダカという飼育品種がもつ遺伝的特徴に関する情報は断片的なものに限られていた。そこで筆者らは，2007年頃から断続的に養魚場や全国の観賞魚販売店からヒメダカを購入し，それらの遺伝的特徴を調査してきた。購入時に養魚場や販売店で行った種苗(しゅびょう)の由来や流通経路についての聞き取り調査では，近年は関東地方を中心に新潟市産が多く流通しているが，もとをたどると現在出回っているヒメダカの種苗はすべて弥富市の養魚場由来であることがわかってきた。また，その弥富市の養魚場において，ヒメダカに近交弱勢を生じさせないために，過去に岡山県旭川水系産の野生メダカを掛け合わせて交雑育種が行われたことがわかった。また，養魚業者によると，ヒメダカと野生メダカの掛け合わせは，商品価値のある潜性(劣性)の表現型である黄体色の個体を激減させるだけでなく，子の体色の選別にたいへんな労力を要する非効率的な作業であるため，このような交雑育種は個々の生産者では行われないという。これは，現在全国的に流通するヒメダカの純粋性が高く保たれており，遺伝的にかなり均質なものであることを示唆していた。

筆者らは，ヒメダカの遺伝的特徴を調べるために，前述の*B*遺伝子上に生じているヒメダカの体色変異の原因となっているDNAの特徴的な変異に着目し，その変異した対立遺伝子（*b*対立遺伝子）と野生型の対立遺伝子を判別することができるDNAマーカー（*b*マーカー）を作製した（中井ら，2011）。このマーカーについては第5章で詳しく解説する。ヒメダカは自然発生した黄色変異の個体をもとに作出されたと考えられるが，体色の突然変異は自然現象として一定の確率で独立的に生じ得るものである。同じような体色の変異が1度だけでなく複数回自然発生したことも考えられる。この*b*マーカーを用いて各地の養魚場や全国で販売されているヒメダカを調査してきたが，今のところ例外なくすべて*b*対立遺伝子を1対の相同染色体上のどちらにももつホモ接合（*b/b*）の状態であることが確認されている。もし，自然発生的に*B*遺伝子以外に変異が起こってヒメダカと同じ黄体色を発現している個体がいれば，このマーカーでは検出できないはずである。したがって，この結果は，やはり現在流通しているすべてのヒメダカの体色は，自然界で生じた単一の遺伝子変異のみから生じていることを示している。

3. 2. ヒメダカの起源

次に筆者らは，先述のmtDNAのcyt*b*のマイトタイプの判別を行った。マイトタイプが全国のどの地域型に由来するのかを明らかにすることで，現在流通しているヒメダカの起源を知ることができるはずである。弥富市と大和郡山市，玉名市の養魚場および全国の観賞魚販売店から購入したヒメダカを分析した結果，すべてミナミメダカの東日本型（マイトタイプB27）か，ミナミメダカの東瀬戸内型（マイトタイプB1a）のどちらかをもっていた。また，どの養魚場でも共通してマイトタイプB27をもつ個体がマイトタイプB1aをもつ個体よりも高い割合を占めていた。筆者らは，現在もこの調査を断続的に行っているが，今のところ例外はまったく見つかっていない（図3. 2）。このことは，どの養魚場でも全国で共通の由来をもつヒメダカ種苗が用いられていることを示している。マイトタイプB27は，ヒメダカの養殖が盛んな弥富市周辺の野生メダカと一致し，一方のマイトタイプB1aは，同じくヒメダカの主産地のひとつである大和郡山市周辺の野生メダカと一致する。また，マイトタイプB1aは，前述した弥富市での交雑育種に使用したとされる岡山県の旭川水系の野生メダカとも一致した。その後，核DNA上の遺伝子についても同様に流通しているヒメダカと各地域型の野生メダカで塩基配列を比較したところ，マイトタイプでの結果と同様の地域由来の遺伝子型だけで構成されていることが支持されている（Iguchi *et*

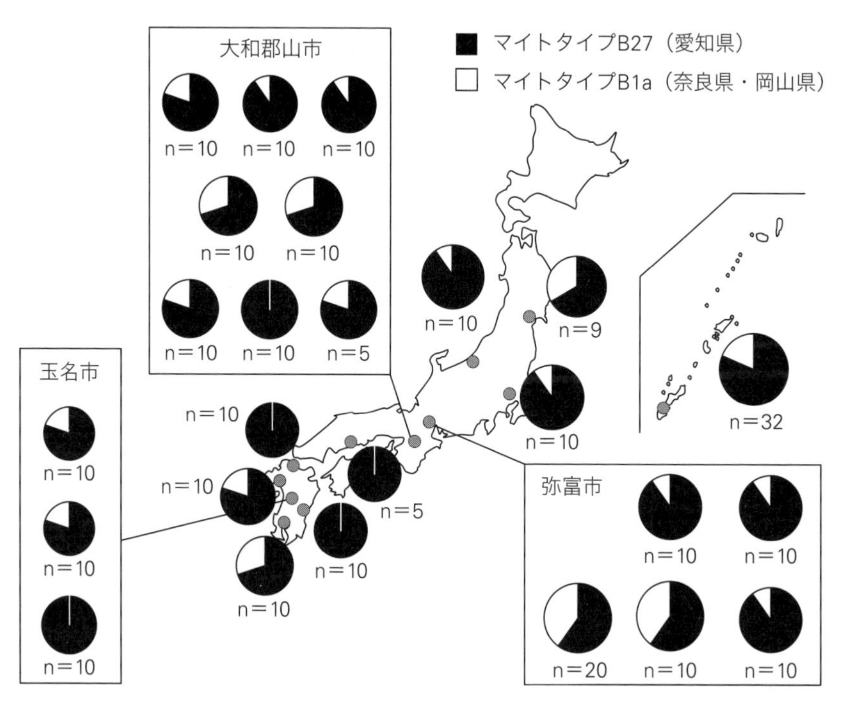

図３. ２ 全国の養魚場または観賞魚販売店で入手したヒメダカにみられるmtDNAの遺伝子型の割合
全国どこの店でヒメダカを買っても同じ遺伝子型（マイトタイプB27またはマイトタイプB1a）が検出される。

al., 2020）。このことは少なくとも，現在全国的に流通しているヒメダカは，東日本と東瀬戸内地方のミナミメダカ由来のDNAから成り立っており，遺伝的にかなり均一な集団であることを示している。また，野生メダカの集団の中から*b*対立遺伝子や東日本と東瀬戸内地方以外でマイトタイプB27またはB1aが検出されれば，過去に流通したヒメダカが持ち込まれ，野生メダカと交雑した確かな証拠となり得る。

4. 新しい飼育品種と注意点

メダカはふ化してから3ヵ月で成熟するため，短期間で掛け合わせを繰り返すことができる。そのため新しい品種が次々と繁殖業者や愛好家によって生み出されている。これらの品種の多くは現時点では流通量も限られ，価格や希少性（価値）からヒメダカのように容易に野外に流出するものではないと考えられていた。しかし，近年体色に変異があるシロメダカやアオメダカといった比較的安価で流通量も多い品種が増えている。今後，これらについては特に注視する必要がある。

先日，ある会議に出席するために東京都内の通りを歩いていると，ビルの間にある公園の中にきれいな人工池が整備されているのを見つけた。経験上，こういう場所にはヒメダカが放されていることが多いが，実際にのぞき込んでみて愕然としてしまった。そこに泳いでいたのは，白光りする体色で人気がある「幹之（みゆき）メダカ」という飼育品種の群れであった。この様子では，やがてあちこちでさまざまな飼育品種が泳いでいる姿を見るようになるのではないだろうか。現在筆者らがとりかかっているそれぞれの品種の遺伝的な背景を明らかにしていく作業は，新しい品種を作出するための効率化にも寄与すると同時に，作出された各品種が自然界に流出した際の特定を容易にする基礎情報を与えるものとなるだろう。

一方で，販売されている野生型と呼ばれる個体や品種についても，ヒメダカと同等に，あるいはそれ以上に注意しなくてはならない。観賞魚販売店の中には，特定の産地に由来すると称した個体を，メダカの地理的変異と希少性に付加価値を与えて販売している店舗がある。このような個体を全国のいくつかの店舗から入手してDNA分析を行うと，実際にそれらから検出されたマイトタイプは明記された産地から予想されるものとほぼ一致していた（小山ら，2011）。希少な野生生物を売買することの是非は別として，これらを販売，購入する人たちの間では，遺伝的な違いをもつ地域集団の概念が認識され，尊重されているようなので，おそらくこれらが自然界に放たれることはないであろう。厄介なのは，安価で販売されている「クロメダカ」とも呼ばれる野生メダカと同じ体色をした養殖品種である。一見，野生メダカとの区別ができないため，一般の人の中にはこれらを野生メダカと混同して購入する場合もあろう。しかし，クロメダカは，その多くはヒメダカと同様の養殖，流通ルートにより販売されている飼育品種である。実際にこれらについてDNA分析を行うと，多くの個体からヒメダカに特徴的な*b*対立遺伝子やマイトタイプB27とB1aが検出される（小山ら，2011）。さらに，それだけではなく，東日本型や東瀬戸内型以外の遺伝子型も多く含まれていることがわかってきた。おそらくこれらのクロメダカは，養魚場のある地域の野生メダカをヒメダカと掛け合わせながら生産されているのであろう。実際，観賞魚販売店などで買ってきたクロメダカ同士を交配させると，ヒメダカが産まれるというのはよく聞く話である。つまり，クロメダカは「黒いヒメダカ」といっても過言ではない。野生メダカとクロメダカの間に違いがあることなど，一般には認識できないであろう。このことは別の弊害を引き起こす。例えば，保全のためのメダカの放流において，野生メダカと見た目が変わらないクロメダカが使われてしまっていても気がつく人は少ないだろう。また，ヒメダカは野外環境ではその目立つ体色のために補食されやすいことがわかっている (Nakao and Kitagawa, 2015)。一方，クロメダカはこの高い補食圧から解放されているため，自然界に放たれた場合,生き残って子孫を残す可能性がヒメダカより高い。このように,ヒメダカよりもクロメダカの方が遺伝的撹乱という面では，より大きな影響をもたらすだろう。「クロメダカ＝野生メダカ」という間違いが流布されないためにも，それぞれの地域の野生メダカと流通するさまざまな飼育品種，このうち特に大量に販売されているヒメダカとクロメダカは，識別していく必要がある。

本章において，筆者らは飼育品種が遺伝的撹乱を引き起こす可能性（リスク）について述べたが，決して飼育品種の生産や販売に反対しているのではない。むしろ飼育品種は，自然とのふれあいの機会が減っている現代社会において，人々が生き物に関心をもつ機会を与えてくれている。メダカに対して保全と利用の両方が成り立つような仕組みを作る必要がある。特に,野生メダカや飼育品種に関する特別な知識がない一般の人々が，これらを当たり前のように異なるものとして取り扱うようになるためのルール作りや工夫が必要である。

北川忠生，中尾遼平，入口友香

コラム6　ミナミメダカとキタノメダカは別種？

現在，「種」という単位については，他の集団とは生殖的に隔離された集団であると考える生物学的種概念（Mayr, 1999）に基づく理解が多い。簡単にいうと，同じ場所にいても交配しないか，交配しても子どもが産まれなかったり産まれても健全ではない，あるいは子どもが子孫を残す機能をもたないなどによって，両者の間の子孫が続いていかない集団同士の関係があった場合，それらの間に生殖的隔離が存在するとされ，生物学的に別種であるとする。第3章でも述べたとおり，現在，日本の野生メダカはミナミメダカとキタノメダカの2種に分けられているが（Asai *et al.*, 2011），これに対しては異議も唱えられている（尾田，2016；Katsumura *et al.*, 2019）。なぜならば，両者間の遺伝的な分化が大きいことや，行動や形態的な違いがあることによって間接的に両者間に生殖的隔離が確立しているであろうと推定されているものの，その直接的な証拠はまだ示されていないからである。

ミナミメダカとキタノメダカは生殖的隔離を確立させた真の別種だろうか。昔からメダカは実験モデル生物として多くの研究で利用され，実験室レベルではミナミメダカとキタノメダカそれぞれに由来する系統の個体同士を掛け合わせると簡単に交配し，健全な子どもを残すことが知られている。ただし，これだけでは同種とはいえない。飼育環境では交配できても，自然環境では両者はお互いを避けるなどして交配していなければ，生殖的な隔離が確立していることになる。

近年，筆者らは自然環境下における両種の交雑状況を検証するため，京都府北部を流れ日本海に注いでいる由良川において調査を行った（Iguchi *et al.*, 2018）。基本的に2種の野生メダカは同じ水系に生息することはないが，この川では，上流域にミナミメダカ，下流域にキタノメダカが生息するという珍しい状況にある（図3. 3）。これは過去にミナミメダカが生息していた瀬戸内海側の加古川の上流部が，キタノメダカが生息する日本海側の由良川の上流部につけ替えられた「河川争奪」という地理的現象によって生じたと考えられる。また，由良川では中流域でミナミメダカとキタノメダカが同じ地点に生息しているため（Kume and Hosoya, 2010），これらの地点の集団を調べたところ，2種は交配し，しかもいくつもの世代を重ねていることが明らかになったのである。この結果は，上記の実験室での結果に加えて，両者が同種であるという決定的な証拠を突きつけているようにも見える。

しかし，筆者らはその結論には至っていない。由良川における2種の自

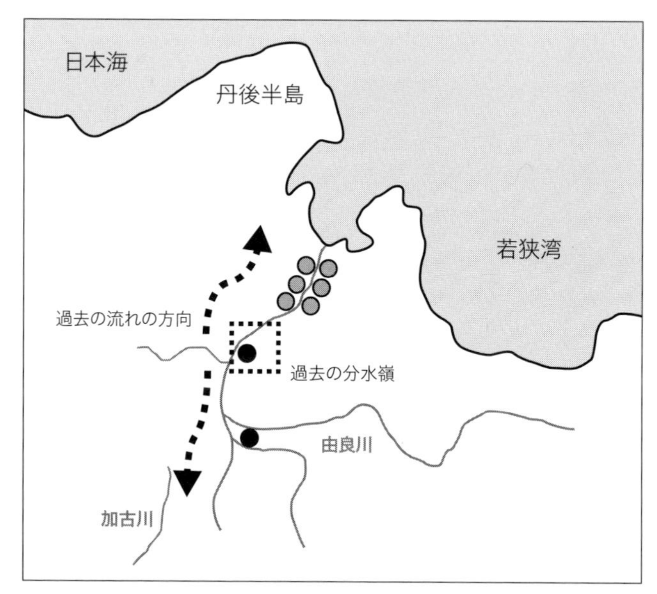

図3. 3 由良川におけるミナミメダカ（●）とキタノメダカ（◉）の分布
キタノメダカの集団には低い頻度ではあるがミナミメダカの遺伝子が検出される。現在の由良川の上流部は，８万～20万年前に加古川からの河川争奪により獲得されたものであり，瀬戸内海側のミナミメダカの移入があったと考えられる。（Iguchi *et al*., 2018に基づき作成）

然交配が起こっている状況をよくみると，説明ができない次のような現象が読み取れるからである。メダカは緩やかな流れを好み，たとえ小さな河川であっても上流側に移動することは困難である。由良川では，河川争奪が起こる前の加古川と由良川の境界（分水嶺）であった地域より上流ではキタノメダカの遺伝子はまったく検出されず，交雑帯はここより下流に形成されていた。上流側のミナミメダカが一方的に下流側のキタノメダカの生息域に流下しているようである。このような状態が長い間続けば，ミナミメダカの生息域が下流に進出していき，由良川全体はやがてミナミメダカの遺伝子だけで占められていくと予想される。しかしながら，地質学的にはこの河川争奪が8万～20万年前に起こったと示されているが，この交雑地帯では現在でも基本的にキタノメダカの遺伝子の割合がきわめて高く保たれていたのである。筆者らはこの現象を説明するひとつの可能性として，下流側に流下したミナミメダカはキタノメダカと交配はするものの，その子孫は淘汰されて遺伝子を残すことができないのでないかと想定している。言い換えると，キタノメダカの集団にはもともともつ自身のゲノムのセットを維持する能力をもつ，とも読み取ることができる。裏を返せばミナミメダカでもこの能力があるはずである。この現象は，ミナミメダカの染色体を一部キタノメダカのものに置き換えた系統（コンソミック系統）を作製しようとしても，致死となったり生存率の低い系統になりやすいという最近の実験によっても支持される（酒泉, 2016）。つまり，ミナミメダカとキタノメダカは，いったんは交雑するが中間的な遺伝子をもつものが排除されるため，徐々にどちらかの種の子孫だけが生き残ることになり，お互いに混ざりきることはないのである。由良川に見られた現象は，下流側に生息するキタノメダカが，環境的に，あるいは量的に上流側から一方的に流下してくるミナミメダカに対して優位であるために，長期にわたり拮抗が保たれているという説明ができる。このような関係が成り立っているのであれば，お互いを別の「種」と考えることはできないだろうか。筆者らは2種の分類については，まだまだ研究が必要であると考えている。コラム12も参照されたい。

入口友香，北川忠生

コラム7　メダカを愛でる

キンギョとメダカ

子どもの頃から魚を飼うのは好きだった。石神井公園（東京都練馬区）の池で釣りをしたり，セルビン（ビンドウ）にさなぎ粉を入れて小魚を採っては家に持ち帰って飼っていた。採れるのはおもにモツゴでたまにバラタナゴが入っていると大喜びをしていた。小学生から中学生にかけては，キンギョを飼い始めた。ランチュウ，オランダシシガシラ，アズマニシキ，エドニシキの稚魚を飼っていた。ランチュウ，オランダシシガシラの稚魚はまだフナの色をしていて，1尾50円くらいだったので，子どもの小遣いで買うことができた。これらのキンギョの色変わり（フナの色から赤いキンギョの色になる体色変化）がなんとも楽しみであった。さらに大きくなると頭に瘤ができるのも魅力的であった。当時，エドニシキはできたばかりの新品種ですぐに買った。

メダカを飼ったのは中学生の夏休みの宿題の理科の自由研究のときだった。ヒメダカと野生メダカを，知り合い（江上信雄先生）を通じて入手し，メンデルの法則を確かめるための交配実験を行った。教科書に書いてあるとおり，孵化した子ども（F_1）は中間色にならず，すべて野生メダカと同じ色になり，自分なりに納得した。夏休みが終わると，興味は他に移り（ローリングストーンズ，レッドツェッペリン，アントニオ猪木），F_1からF_2を作るところまではやらなかった。産まれたF_1は使わなくなった火鉢を水槽代わりにして，ひとまとめにして放置した。翌年の春，この火鉢の中にヒメダカの稚魚が泳いでいるのを見て驚いた。メンデルの法則を調べるのなら，もっときちんと実験をすればよかったと反省した。

その後，大学院生のときはキンギョを使って実験をしていたが，学内の飼育室の空いている水槽を使って趣味でメダカを飼っていた。近くのペットショップでヒメダカを売っていたが，その中に黒い斑のある個体がいた。ヒメダカと野生メダカを掛け合わせたら，その子孫の表現型は野生型かヒメダカ型になるはずと思っていたので不思議だった。そのときは学術的な関心より，個人的興味が勝り，斑のあるヒメダカを買い集めた。そして大学の水槽に入れ，「タイガーキリフィッシュ」と勝手に名前をつけてラベルを貼った（現在この模様のメダカは「斑（ぶち）メダカ」という品種として知られている。森，2012，**口絵写真2**）。魚の飼育を趣味にする人なら誰でも抱く気持ちではないかと思うが，他の人が誰ももっていない種類の魚を飼うという満足感があった。後輩がうらやましそうに「小林さん，どこでこのメダカを

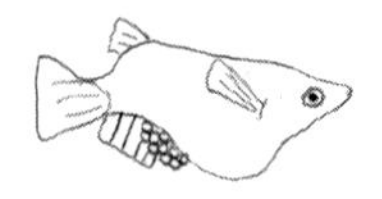

手に入れたのですか？」と聞いてくるので，優越感に浸った。一方，先輩には「よごれくずメダカじゃないか」と言われ，むっとした。なお次頁の棟方のコラムに出てくるマーブルよりは10年くらい早い時期のことである（1980年代前半）。

その後，大学教員になって初めて楊貴妃メダカを見たときは感動した。その赤色の美しさに圧倒された。趣味で飼おうかとも思ったが，この種のメダカを飼い始めると絶対ハマってしまい，仕事，家計に影響すると思い，断念した。

大学の学生実習では，ヒメダカとクロメダカを使って浸透圧の実験，色素胞の観察，体色変化の観察を行っている。研究にはヒメダカと野生メダカを使っている。私の学生の上出櫻子（第2章共著者，卒業研究および修士課程を私の研究室で行った）はメダカを飼うのがとても上手で，どのような飼育実験でもメダカが普通に産卵してデータをとることができた（上出ら，2016, 2017, 2020）。川でメダカを捕まえること（中尾ら，2017），池，川でメダカの卵を見つけるのも上手にこなし（上出ら，2018），研究が大きく進展した。

大学の近くを流れる野川（東京都）のミナミメダカを研究対象としたことは第2章に記した。時々学生と野川に魚採りに行く。いわゆるガサガサ（足を揺すって魚を網に追い込む漁法）で小魚，エビなどを採る。誰でも採れる「エビ」を採るのは初級者で，コイ科のモツゴ，カワムツ，オイカワなど「魚」を採ると中級者，「ミナミメダカ」が採れると上級者といった勝手な内輪のランクができている。コイ科の稚魚の銀ピカの鱗も美しいが，野生のミナミメダカを捕まえたときの青白い光は，捕まえたメダカを空中に出したときにしか見られない美しさである。この美しさを味わえるのがガサガサの上級者ということになる。採った魚は大学の飼育室と誰でも見ることができる大型展示水槽で観賞魚として飼っている。生物学専攻の学生だけでなく，数学，物理学，化学，情報科学専攻の学生からも大型展示水槽の魚を見るのがとても癒やしになっている，とコメントをもらえ，うれしい限りである。一方，飼育室で飼っている魚は面白い。コイ科の魚は何回か餌を与えると，私が水槽に近づくだけで餌を求めて寄ってくるようになったが，野生メダカは1年以上たっても，私が水槽に近づくと逃げていき，餌をやっても私のいないときに餌を食べているようである。この人になつかない，domesticateされていない野生のミナミメダカの性格が私にとっての最高の観賞魚である。メダカをモデルではなく，メダカをめでる，である。

（小林牧人）

メダカを飼育した日々

物心ついた頃から今日まで，何かしら魚を飼う生活が続いている。最初に飼ったのは多摩川の支流で採ったフナやドジョウ，モツゴなどで，週末ごとに持ち帰っては，庭に置いたトロ船（本来はコンクリートを練るためのプラスティック容器）に入れて飽きもせずに観察した。ただ，背中が暗色系の川魚は上からは見にくく，やや不満だった。同じ頃，弘前の祖母の家で初めてガラス水槽に入ったカラフルなキンギョを見て，感激した。当時，東京から弘前には夏休みごとにブルートレインに乗って行っていたが，風鈴の音とかすかに線香の匂いがする祖母宅に入るやいなや荷物を放り投げ，ひと回り大きくなったキンギョたちにフレークの餌をあげるのが慣例となっていた。

カラフルな魚に憧れ，東京に帰ると庭に設置した60 cmのガラス水槽にニシキゴイの稚魚を入れて，より本格的な飼育の道にのめり込んだ。庭で掘ったミミズをコイたちが一瞬で吸い込むシーンは当時，釣りにはまってもいた私にとっては圧巻の光景で，行動観察研究の原点となった。

その後，庭にはヒメダカを飼育する水槽も増設した。コイのような迫力はないが，複数の個体が間隔を保って優雅に群泳する姿には子どもながらに侘び寂びを感じた。またもうひとつ，メダカたちを丁寧に飼ってあげると次々にお腹に卵を抱え，やがて稚魚が誕生することには心底おどろいた。手塩にかければ自分の設計した空間内でも生命が誕生することに感動を覚えた。その頃，まだ筆者は黄色いメダカがノーマルだと思っていたが，図鑑を見ると野生のメダカは体の色が黒いと書かれており，写真が載っていた。当時，ペットショップでわざわざ黒いメダカを売っているところはなかったため，まれにヒメダカに混ざって泳ぐ黒い飼育メダカを目ざとく見つけて買い集め，庭の水槽に加えていった。

そうしたある日，育ってきた稚魚の中から，黄色でも黒でもない，マーブル模様の稚魚が現れた。遺伝学の知識はなかったが，黄色と黒の親から生まれたであろうこと，そしてもしかしてこれは私が作り出した独自の飼育品種（個人的にマーブルと命名）ではないかと想像して胸が躍った。数十年を経て，この本の他の編者も独自にこの品種（前頁の小林のコラムのタイガーキリフィッシュ！）を見いだしていることがわかり，なんとも面白い。

もしかするとこのとき，マーブルを足掛かりとして品種改良に取り組んでいれば，と今になって思わないでもないが，あのときはもちろん現在のような百花繚乱の（とひと言で片づけるには深淵な）飼育品種が生み出されるとは想像すらしなかった。一方，私自身はその頃から現在のもう１本の

柱であるサクラマス（ヤマメ）の研究（釣りと飼育）に傾倒していった。当時，ヤマメを自宅で飼うということはあまり一般的ではなく，飼育方法を紹介した本も1冊しか見当たらず，個人的にパイオニアを目指していた。ご存じのとおり，サケの一種であるヤマメは冷水性で，夏にはクーラーが必要である。また彼らは水質に敏感であり，水をろ過するため当時最新のエーハイム社のろ過器などをしつらえ，トライアンドエラーを重ねることに数年間の飼育人生を費やしていた。

メダカの飼育を再開したのは，大学院の博士課程の頃からである。普段は研究所で2〜3トンのタンクでヤマメを飼っていたので，今度はデスクトップの小型水槽でヒメダカを飼うことにこだわった。このヒメダカは，産卵こそしなかったがたいへんに長生きで，可憐さだけではない彼らの生命力に気がついたのもこのときだった。その後，仙台に移り住み，1年分の週末を費やして自宅の庭に念願のビオトープを作った（**口絵写真13**）。しばらくは保全の目的で仙台のアカヒレタビラとその産卵母貝を飼育していたが，それが一段落した頃，沿岸域でメダカが減っている，このままだと全滅してしまうかもしれないという話を聞き，2010年に一部の個体を採集してビオトープで飼い始めた。東京で生まれ育った私にとっては，このときが野生メダカとの初めての出会いであり，彼らを飼い始めるときには身が引き締まった。ゆえあってそれから現在まで，庭の2つのビオトープと4つのガラス水槽でこのメダカたちを育てている。

こうして振り返ってみると，私の飼育人生の中で，メダカの飼育は断続的ではあるが柱であり続けている。私の場合，ヒメダカから始まったメダカ飼育の日々は，現在では野生メダカの飼育の方に軸足が置かれているが，個人的にはさまざまな飼育メダカたちにも心惹かれている。無論，飼育メダカには自然に放つことはできないといった制約が課されるが，今日，国内に存在するメダカたちはいずれも日本の風土や文化によって育まれたものであり，それが野生であるか，飼育品種であるかはある意味では微小な振れ幅の中のバリエーションにすぎないとも思っている。いずれを飼育するにしても，本質的に重要なのはメダカにふれることで私たちが幸せになれるかどうか，飼育を通して日本のメダカたちを後世に伝えることに貢献できるかどうか，ではないだろうか。私は，これからも日本のメダカたちとは掬（すく）ったり，救われる間柄であり続けたいと願っている。

（棟方有宗）

飼育品種メダカへの思い

正直なところ，私は魚の飼育があまり得意ではない。子ども時代も学生時代も現在も，自然環境下にいる生き物が大好きで，それらを捕まえて自然の状態を眺めることの方が好きである。現在私は，絶滅危惧種のニッポンバラタナゴという淡水魚を保護するために繁殖させているが，キャンパスの池を丸ごと使ってそこで自然繁殖させたり，野外の実験用のコンクリート水槽群の横にわざわざ穴を掘って素堀の池を作り，そこに魚を入れて自然に近い状態を作って繁殖させたりしている。自然（半自然）の状態にいる生き物を眺めていると，ついつい時間を忘れてしまうこともある。学生時代は，ドジョウの仲間の種分化や生物地理に関する研究に明け暮れていた。日本中の川を車でまわりながら，各地のさまざまな種類のドジョウを採取し集めたが，それらはほとんど標本となって，標本庫に眠っている。一部を研究に用いるために水槽で飼育したり，交配させたりということを試みたが，ほとんどうまくいっていない。やはり飼育は苦手である。メダカについても，おもに自然下にいる，あくまでも野生メダカのもつ多様性とその危機的状況の調査のために野外に繰り出していて，私は自然の状態で生きているメダカの方に目を向けてきた。

一方で私は博士課程を修了した後の2年間ほど，ヒメダカをモデル生物として，大量に水槽を並べて飼育している実験系の研究室で研究員をしていたが，このときヒメダカの飼育は技術員まかせであった。実験で使うヒメダカの卵は，朝，産卵したばかりの卵塊をお腹につけている雌をネットですくって，木苺を摘み取るように指でつまんで採取していた。当時，野生の雌のメダカは本来どこに卵を産み付けようとしているかなど，考えてもいなかった。その後，近畿大学に教員として移り再び野生メダカの研究を開始した。あるとき，野生メダカの調査の一貫で，共同編者の小林先生と一緒にキャンパス内の池の中に入って，植物の根や水草を片端から手さぐりしてミナミメダカが卵を産みつけている場所を探す調査をした。そのときの楽しさと，見つけられたときの感激は忘れられないものがある。これこそが自然に目を向けるという真の生物学者の姿勢であることを改めて学んだ。

さて，ある年の大学のオープンキャンパスで，私は研究の紹介をするために小さな水槽を設置して，これに野生メダカとヒメダカを入れて展示したことがあった。そのとき，ひときわ目を輝かせ，餌は何をあげたらいいかなど熱心にメダカについて質問してくる高校生がいて，飼育に不慣れな私はたいへん困惑してしまった。別の日の別の場所のオープンキャンパス

にも彼は来て，大勢の他の来場者はそっちのけで長く話し込むことになった。彼はヒカル君といい，メダカの飼育が大好きで，自分でも掛け合わせをしてさまざまな品種を作り出しているとのことで，メダカの品種について研究をしたいと熱く語っていた。

翌年の4月，ヒカル君の名は近畿大学の私の学科の入学者名簿にあった。そして今，ヒカル君は私のもとで卒業研究を行っている。テーマはもちろん「飼育メダカの品種の由来の解明」である。

ここ10年あまり，飼育メダカのさまざまな品種の飼育，繁殖がたいへんブームになっている。観賞魚愛好家向けの雑誌では，最近，メダカ特集が多く組まれている。日本だけでなく，先日訪れた台湾でもメダカ飼育の特集誌を見つけた。そもそもメダカは，限られたスペースで誰でも簡単に飼育できて繁殖させることができる魚である。さまざまな色彩や形態をもった飼育品種は見ていても楽しく癒される存在でもある。また，繁殖サイクルも短いために，これらを掛け合わせて新しい品種を生み出すという楽しみ方も手軽にできる。このようにして生み出された品種の中には，オークションにおいてペアで10万円を超える価格がつくものもあると聞く。一方で，メダカは繁殖サイクルが短いため，人気品種も比較的容易に出回ってしまうことや，次々と新しい品種が生み出されてしまうため，値段が下がるのもたいへん早いようで，純粋にメダカのブリーダーだけで生計を立てている人の数は限られているそうだ。多くの人は副業として，またはまったくの個人的な趣味として飼育しているのが現状であるが，その愛好家の多くがシニア層であるという。メダカという魚にはノスタルジックな感情を誘発する要素があるのかもしれない。一方で，まれにヒカル君のように若くしてメダカにとりつかれる人もいるが，その魅力は飼育や掛け合わせによって生じるあらゆる現象への好奇心にあるようだ。

私も訪問したことがあるヒカル君の自宅には，庭に簡易なメダカのためのハウスが設置されていて，その中に無数の飼育ケースが並んでいる（写真）。ヒカル君は毎朝5時に起きてメダカの世話をしてから2時間かけて登校し，夕方，講義が終わると一目散に教室を出て2時間かけて自宅に戻り，メダカたちの餌やりをしている。そんな，ヒカル君の自信作の飼育メダカたちを**口絵写真14**にて紹介しているので，ぜひ今，ページを戻ってお楽しみいただきたい。

私が野生メダカを守るためにこれらの飼育品種を敵視していると誤解されては困る。むしろ，これらの飼育品種は自然界の生き物が本来ある姿で生息する大切さを教えてくれている存在であると考えている。『種の起源

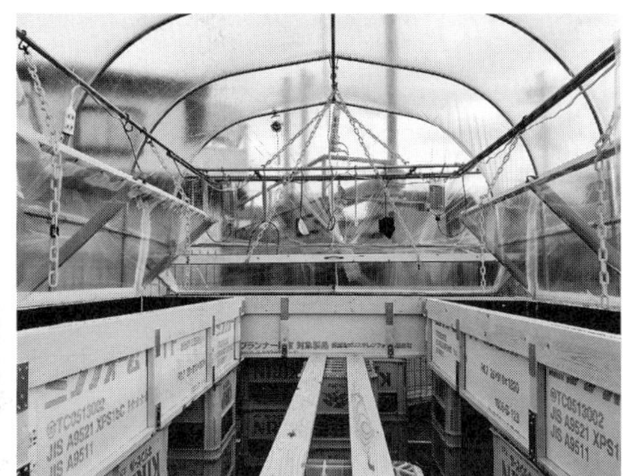

ヒカル君のメダカ飼育場

(Darwin, 1859)』を著したチャールズ・ダーウィン(1809–1882)は，自ら飼いバトのさまざまな品種を飼育して掛け合わせをし，自然界ではとうてい現れないさまざまな形態をもった個体が生み出されることから，生物がもっている変化する潜在能力とそれを引き出す選択の力に気づき，進化論を導きだした。今，愛好家の人たちが楽しんでいるこれらの美しい飼育品種たちも野生メダカがもとになっている。私たちが普通は見ることができない野生メダカがもつ遺伝的な多様性を引き出して，目に見える形に表現してくれているものなのである。野生メダカにばかり目を向けてきた私であるが，ヒカル君の美しいメダカたちを通じて，ダーウィンの偉大なひらめきの一端を垣間見ることができた気がしている。ヒカル君は将来メダカの研究者を目指している。多様な飼育品種の中から，新たな大発見につながる現象が見いだされることを期待している。

これらの飼育メダカは自然界に出た瞬間から(第３の)外来魚(第６章参照)となり，野生メダカへの脅威となる存在でもある。飼育品種の多様な色や形を楽しむ文化が，その背景にある野生メダカが秘めた(遺伝的)多様性の重要性の情報とともに定着し，広まっていけばと願っている。

(北川忠生)

小林牧人，棟方有宗，北川忠生

● 引用文献

Asai, T., H. Senou and K. Hosoya: *Oryzias sakaizumii*, a new ricefish from northern Japan (Teleostei: Adrianichthydae). Ichthyological Exploration of Freshwaters, 22: 289－299, 2011.

Darwin, C.: On the origin of species by means of natural selection, or preservation of favoured races in the struggle for life. John Murray, London, 1859.

江上信雄, 酒泉満: メダカの系統について. 系統生物, 6: 2－13. 1981.

Fukamachi, S., A. Shimada and A. Shima: Mutations in the gene encoding B, a novel transporter protein, reduce melanin content in medaka. Nature Genetics, 28: 381－385, 2001.

Fukamachi, S., M. Kinoshita, T. Tsujimura, A. Shimada, S. Oda, A. Shima, A. Meyer, S. Kawamura and H. Mitani: Rescue from oculocutaneous albinism type 4 using medaka *slc45a2* cDNA driven by its own promoter. Genetics, 178: 761－769, 2008.

Iguchi Y., K. Kume and T. Kitagawa: Natural hybridization between two Japanese medaka species (*Oryzias latipes* and *Oryzias sakaizumii*) observed in the Yura River basin, Kyoto, Japan. Ichthyological Research, 65: 405－411, 2018.

Iguchi Y., R. Nakao, K. Takata and T. Kitagawa: Development of a single copy nuclear DNA sequence marker for the detection of artificially caused genetic introgressions in Japanese wild medaka populations. Conservation Genetics Resources, 12: 311－317, 2020.

上出櫻子, 清水彩美, 小井土美香, 信田真由美, 小南優, 吉澤茜, 小山理恵, 早川洋一, 小林牧人: 雌ミナミメダカにおける卵の産み付けに好適な環境条件. 自然環境科学研究, 29: 31－39, 2016.

上出櫻子, 小南優, 小林牧人: ヒメダカの卵の産み付けにおける水深の選好性. 自然環境科学研究, 30: 1－4, 2017.

上出櫻子, 土師百華, 北川忠生, 小林牧人: 近畿大学奈良キャンパス内希少魚ビオトープおよび東京都野川におけるミナミメダカの卵の産み付けの環境条件. 自然環境科学研究, 31: 1－7, 2018.

上出櫻子, 木村恵美, 小林牧人: 異なる水深によるメダカ受精卵の孵化率および孵化日数への影響. 自然環境科学研究, 2020, 印刷中.

Katsumura T., S. Oda, H. Mitani and H. Oota: Medaka population genome structure and demographic history described via genotyping-by-sequencing. Genes Genomes Genetics, 9: 217－228, 2019.

環境省: "環境省レッドリスト2019の公表について", 別添資料2環境省レッドリスト2019. http://www.env.go.jp/press/106383.html (2019年3月21日閲覧).

小山直人, 森幹大, 中井宏施, 北川忠生: 市販されているメダカのミトコンドリアDNA遺伝子構成. 魚類学雑誌, 58: 81－86, 2011.

Kume, K. and K. Hosoya: Distribution of southern and northern population of medaka (*Oryzias latipes*) in the Yura RIber Drainage of Kyoto Japan, Biogeography, 12: 111－117, 2010.

Mayr, E: Systematics and the origin of species from the view point of a zoologist. Harvard University Press, Canbridge, 1999, 372 pp.

森文俊: メダカの世界へようこそ. メダカ百華, 1: 6－57, 2012.

中井宏施, 中尾遼平, 深町昌司, 小山直人, 北川忠生: ヒメダカ体色原因遺伝子マーカーによる奈良県大和川水系のメダカ集団の解析. 魚類学雑誌, 58: 189－193, 2011.

Nakao, R. and T. Kitagawa: Differences in the behavior and ecology of wild medaka (*Oryzias latipes* complex) and an orange commercial variety (himedaka). Journal of Experimental Zoology, 323A: 349－358, 2015.

中尾遼平, 入口友香, 周翔瀛, 上出櫻子, 北川忠生, 小林牧人: 東京都野川のミナミメダカにおける外来遺伝子の河川内分布現況. 魚類学雑誌, 64: 131－138, 2017.

尾田正二: 新種としてのキタノメダカへの異論. 環境毒性学会誌, 19 (1) : 9－17, 2016.

酒泉満: メダカの系統と種内構造. 蛋白質核酸酵素, 45: 2909－2917, 2000.

酒泉満: メダカの系統. 環境毒性学会誌, 19: 19－24, 2016.

Sakaizumi, M., K. Moriwaki and N. Egami: Allozymic variation and regional differentiation in wild population of the fish *Oryzias latipes*. Copeia, 1983 (2) : 311－318, 1983.

瀬能宏: メダカ科. *In*: 日本産魚類検索, 第3版 (中坊徹次 (編)), 東海大学出版会, 秦野, 2013, pp. 649－650, 1923－1927.

Setiamarga, D. H. E., M. Miya, Y. Yamanoue, Y. Azuma, J. G. Inoue, N. B. Ishiguro, K. Mabuchi and M. Nishida: Divergence time of the two regional medaka populations in Japan as a new time scale for comparative genomics of vertebrates. Biology Letters, 5: 812－816, 2009.

Takehana, Y., N. Nagai, M. Matsuda, K. Tsuchiya and M. Sakaizumi: Geographic variation and diversity of the cytochrome *b* gene in Japanese wild populations of medaka, *Oryzias latipes*. Zoological Science, 20: 1279－1291, 2003.

Takehana, Y. M. Sasaki, T. Narita, T. Sato, K Naruse and M. Sakaizumi: Origin of boundary populations in medaka (*Oryzias latipes* species complex) . Zoological Science, 33: 125－131, 2016.

Yamahira, K., M. Kawajiri, K. Takeshi and T. Irie: Inter- and intrapopulation variation in thermal reaction norms for growth rate: evolution of latitudinal compensation in ectotherms with a genetic constraint. Evolution, 61: 1577－1589, 2007.

Yamahira, K. and T. Nishida: Latitudinal variation in axial patterning of the medaka (Actinopterygii: Adrianichthyidae) : Jordan's rule is substantiated by genetic variation in abdominal vertebral number: Biological Journal of the Linnean Society, 96: 856－866, 2009.

第4章

遺伝的撹乱とは？

1. はじめに

近年，生物多様性の保全という言葉が自然環境保護とともに使われるようになってきた。生物多様性とは，生態系の多様性，種の多様性，そしてそこに生息する生物がもつ遺伝的多様性(遺伝子の多様性)の3つのレベルからなるとされる。生態系の多様性を守るとは，森林，河川，海洋などさまざまな種類の自然環境とそこに形成される生態系を守ることである。種の多様性を守るとは，生態系を構成するあらゆる生物を守ることである。そして遺伝的多様性を守るとは，同一種の生物でも個体ごとにいろいろな遺伝子をもっており，その各個体がもつ個性を守ることである。生態系の多様性，種の多様性はある程度目に見え，認知されやすい。一方，遺伝的多様性は目に見えないことが多く，なかなか認知されないため，おざなりにされてきたのが実情である。

15年ほど前，筆者はすでに野生メダカ(ミナミメダカ)が絶滅してしまったある池の環境を改善し，ここに新たに野生メダカを放流して生息地を復元しようという試みをお手伝いしたことがある。この池は地域の象徴的な場所で，専門家と地域住民から構成された保護団体によって，外来種駆除などの長年にわたる精力的な環境の改善活動が行われてきた。多くの市民が関心と愛着をもつこの池に，本来の日本の環境に象徴的な魚であるミナミメダカが復活する意義は非常に大きい。幸い，この池の近隣地域にわずかながらに生き残っている野生メダカの集団が発見され，この池への導入の候補になると考えられた。筆者がこの団体に依頼されたのは，この導入候補になるメダカ集団が本当に昔からこの地域にいたものなのかどうかをDNA分析で調べることであった。メダカをはじめとする淡水魚の放流は，保全の方法としては基本的には行うべきではない。しかしながら，すでに失われた集団を取り戻すために行う放流は，本来の生息地にもともといたものと同じか，きわめて近い由来をもつ集団であれば，その後も生息できる環境を保障して実施する場合に限って有効な方法となり得る。このような放流を，保全的再導入と呼ぶ。このケースはまさに保全的再導入に当てはまるものであった。候補となったメダカ集団について，当時の我々でできる範囲のDNA分析を行い，少なくともこの集団からは他の地域の遺伝子が検出されなかったということを団体に報告した。ところがこの団体の活動に参加している地域住民に聞くと，内部では「DNAなんてどうでもいい」という声が多数あったそうである。当時，遺伝的多様性を守る意義を理解してもらうことの難しさを強く感じたのを憶えている。あれから15年たった現在，筆者の研究室には，全国からメダカの遺伝解析の依頼が頻繁に舞い込んでくるようになった。依頼主は，研究者などの専門家もいれば，各地で野生メダカの保全に取り組んでいる団体の人々，これから保全に取り組もうとしている行政機関などである。うれしいことに，野生メダカを保全する際には，それぞれの地域集団がもつ遺伝的多様性もともに守らなければならないということが徐々に理解されてきている。その一方で，まだまだ遺伝的多様性の重要性を理解せず，それらを無視した保全の方法をとる人々がいることも事実である。

遺伝的多様性とは何なのか，なぜこれを保全しなければならないのか，少なくとも本書を手に取り，この問題に少なからず関心をもっている読者はある程度は理解していると思う。しかし，自信をもって理解できているといい切れる人はあまりいないのではないだろうか。それは，DNAや遺伝子などは，一般の人には少し難しい言葉でもあり，目に見える形で認識できないため，イメージしづらいことが原因であると思われる。本章では改めて，できるだけやさしい表現で遺伝的多様性そのものと，それを脅かす遺伝的撹乱について説明していく。

2. 遺伝的多様性とは

私たちヒトを含めほとんどの生物が細胞の中にもつDNAは，同じ構造の分子が1列に連なった鎖のような形をしている。DNA分子を構成する基本単位であるヌクレオチドにはアデニン，チミン，グアニン，シトシンという，それぞれA，T，G，Cと省略される4種類の塩基のいずれかが含まれている。ヌクレオチドがつながってできたDNA分子の上では，これらの塩基が文字列のように並び，これを塩基配列と呼ぶ。塩基配列の一部は，生物の体の仕組みや活動するための設計図が暗号化されたものとなっている。この設

計図としての情報をもつDNA領域を「遺伝子」(狭義) と呼ぶ。しかし，設計図としての情報をもっていない特定の位置にあるDNAもあわせて広義では遺伝子と呼び，本章では，後者を意味するものとする。生物は交配を通じて次世代を残すが，このときにDNAが複製されて受け継がれる。DNAは真核生物ではおもに核の中に保存されているが，細胞内小器官のミトコンドリアや植物細胞に含まれる葉緑体も小さいながら独自のものをもっており，これらも次世代に受け継がれていく。塩基配列は同じ種であればおおよそ同じであるが，個体ごとにわずかに異なっている部分があり，その結果，個体の表現型に個性を生み出している。第3章でも少しふれたが，実際に個体が交配してDNAを次世代に受け継ぐことのできる個体の集まり（野生メダカのような淡水魚の場合，同じ河川や池に生息している単位）を集団 (population：生態学での個体群と同義) という。異なる集団の間では交配の機会がなくDNAの交流が断たれているため，同じ種でもそれぞれで異なる遺伝子が保存され受け継がれていることもある。また集団の中でも個体の間の塩基配列の違いが多ければ，それだけ個性が豊かな個体が含まれることになる。多くの個性を持ち合わせている集団ほど，環境の変化や他者との競争に対応することができ，長く存在できる可能性が増す。遺伝的多様性とは，簡単にいうと，集団の中のそれぞれの個体がもつDNA上に異なる塩基配列が何種類，どのような割合で含まれているかということであり，これは集団の健全性の指標としてもとらえることができる。

この遺伝的多様性に重要な遺伝子の違いは，生物がDNAを複製するときや破損したDNAを修復するときに，ある一定の確率で写し間違いを起こす「突然変異」が原因で生じるとされる。この突然変異はときに個体の生存に不都合を引き起こすが，個体の死亡や繁殖の失敗により，次世代に伝わることなく集団内からは除かれていく。しかし，突然変異が起きたDNAの中には次世代に伝わり，その後も受け継がれていくことによって集団内に新たな多様性を生み出すものがある。むしろ，個体に速やかに不都合を引き起こす突然変異の方が圧倒的に少ないと考えられている。生物におけるいわば失敗であるはずの突然変異が，逆に生物の個体や集団，ひいては種全体の生存能力を高めるために必要な遺伝的多様性を生み出していることになる。突然変異により生じた遺伝的多様性は，偶然による作用だけでなく，その生物が生息する環境で自然選択の影響を受けることで，集団内の表現型に関与する対立遺伝子の数や種類を増やし，割合を変動させる。言い換えると，対立遺伝子の数や種類が多い集団は遺伝的多様性が高く，表現型も豊かになる。結果としてその集団にはさまざまな環境に適応できる個体が存在することになり，それらが生き残って繁殖に成功することで集団がより環境に適したものへと変化していく。このプロセスを進化と呼ぶ。つまり自然界にいる生物の集団は，ずっと安定的に同じ形で存在するのではなく，まさに「進化し続ける実体」であるといえる。また，「種」というのは，潜在的に交配が可能な集団の集合体である（コラム6参照）。集団内の個々の遺伝的多様性が高いことも重要であるが，種という単位でみた場合，すべての集団で対立遺伝子の構成が似通ってしまうと，共通する環境の変化によって総倒れになってしまう可能性がある。種を構成する集団のそれぞれが，他の集団にはない対立遺伝子をもつ「遺伝的固有性」の高いことも重要である。種が存続するためには，集団内の各個体が個性豊かであることと，集団ごとの遺伝的固有性が高いことが同時に重要なのである。これが集団内と集団間の遺伝的多様性であり，この2つのレベルの違いを混同しないようにしなくてはならない。

3. 遺伝的撹乱とは

生物の集団が本来もっている対立遺伝子の構成が，集団の分断や交流，個体数の変化などによって改変されて，遺伝的多様性に影響を及ぼす現象を「遺伝的撹乱」という。さまざまな自然の作用によって集団の対立遺伝子の構成が大きく変わるような事態は，生物の長い歴史の中でこれまでも何度も起こった。このような自然の作用による遺伝的撹乱は，集団の対立遺伝子の構成を改変して集団の遺伝的固有性を高めたり，集団を混合することによって集団内に遺伝的多様性をもたらし，新たな進化のきっかけとなる。これに対し，人為的な作用によって引き起こされる遺伝的撹乱は，その程度，頻度，物理的な距離において，自然界では起こり得ない大きな影響を集団に与える可能性が高く，場合によっては集団の存続を危うくすることもある。人為的な作用によるものには有害な影響があることから，狭義の遺伝的撹乱として，最近はこちらの意味で使うことが多い。以降，本章でも特に断りがない限り，人為的に引き起こされるものに限定して示すこととする。

特に遺伝的撹乱の中でも，本来はそこに存在せず，潜在的にも侵入することのない遠く離れた地域の遺伝子や人為的に選抜された遺伝子が集団内に侵入する「外来遺伝子の移入」という現象は，最も影響が大きいと考えられる。現在，あるいは将来にわたってその集団には起こり得ない性質の変化をもたらすだけにとどまらず，集団内の本来の遺伝的多様性に割合の変化や減少がみられたり，移入された集団と移入した集団の間で共通する対

立遺伝子が増えてしまう。これは，その地域に適応できるように少しずつ進化を積み重ねてきた歴史の結果としての集団の固有性を打ち消し，集団間の遺伝的な均質性を高めることになる。さらに，一度，外来遺伝子の移入が起きてしまうと，これを取り除くことはほぼ不可能であるという不可逆的な影響をもたらす。なかには，外来遺伝子の移入が生じることにより集団に遺伝的多様性が高まるという人もいるが，先に述べたように集団内と集団間の遺伝的多様性の違いを混同した誤った解釈である。ちなみに，一般的に外来遺伝子の移入と同義的に「遺伝子汚染」という言葉も使われている。しかし，汚染とは，それ自体が有害（物質）で本来存在しない場所にもたらされて害を引き起こす現象を指すものであり，対立遺伝子自体は有害な物質ではないため，汚染という言葉はなじまない。

外来遺伝子の移入は外来種問題そのものである。一般に，外来種とはオオクチバス *Micropterus salmoides* やブルーギル *Lepomis macrochirus* のように国外から持ち込まれたものが多い。しかしながら，琵琶湖からゲンゴロウブナやハスが日本全国の湖沼に放たれ繁殖しているように，国内の多くの生物が移動することによっても多くの問題を引き起こしている。現在，それぞれは「国外外来種」と「国内外来種」として呼び分けられているが，国の領土の内か外かということは人間の都合で決めた枠組みであり，生物にとっては関係のない話である。外来種問題の本質としては，移動させられた生物が本来その地域に生息しているかいないかということが重要である。ある種を本来いない地域に導入すると，在来種の捕食，生態的競合など生態的な影響を引き起こすと考えられる。一方，ある地域の集団を同種が生息する別の地域に導入した場合，移殖集団と在来集団の間で交雑が生じ，おもに在来集団への遺伝的撹乱を生じさせるのである。このことを野生メダカで考えると，ミナミメダカが本来生息していない北海道の池に放流された場合は，「分布域外の外来種」となり，生態的な影響をもたらす。一方，同じミナミメダカが生息している他の地域に放流した場合は，「分布域内の外来種」となり，遺伝的撹乱をもたらすことになる。また第3章やコラム6で述べたとおり，ミナミメダカは分類学上別種になっているキタノメダカと交雑する。ミナミメダカをキタノメダカの分布域に放流すれば分布域外の外来種であるが，遺伝的撹乱をもたらすことになる。さらに野生集団だけではなく，選別して増やしたり人為的に作出されたりした飼育品種なども，自然界に放たれれば本来の生息地にいなかったものとして分布域内の外来種と同じ意味をもつのである。ミナミメダカに由来する飼育品種のヒメダカがミナミメダカの分布域に放流され，交雑により遺伝的撹乱をもたらしている。このような飼育品種に由来する外来種を，魚類では「第3の外来魚」と呼び始めている(細谷ら，2017；北川，2018，第6章参照)。

また，野生メダカの保全にあたって自然集団を増強するためには，その地域の個体を採取し増殖して再放流すればよいと考えている人も多いようである。たしかにこの方法では外来遺伝子の移入を引き起こすことはない。しかしながら，集団の一部を取り出して増殖することで特定の対立遺伝子のみの割合が増える可能性がきわめて高くなり，このような遺伝的多様性がきわめて低い集団をもとの地域に放流すると，本来の集団の対立遺伝子の構成を改変することにつながる。これも遺伝的撹乱のひとつであり，行うべきではない。

4. 遺伝的撹乱による影響とは

水系ごとに移動が制限されやすい淡水魚は，もともと集団間の遺伝的分化が進んでおり，遺伝的撹乱の影響を特に受けやすいと考えられる。では実際に，どのような影響がもたらされるのであろうか。これについては，先に述べた遺伝的多様性が生物集団でどのような役割をはたしているかを考えれば明白である。まず第1に，集団の対立遺伝子の構成が改変されることにより集団の性質を変化させ，その地域の環境への適応能力の低下を引き起こす可能性がある。第2に，集団内の遺伝的な均質性が高まることで今後の環境の変化への対応力を低下させる可能性がある。第3に，集団に含まれる対立遺伝子の種類が減ることで，将来的な新たな進化への可能性が低下する。いずれの効果も速やかに目に見える形で現れるものではない。何世代か後になって初めてその影響が現れてくるという，長期的なものなのである。

野生メダカを真の意味で保全するためには，どのように遺伝的多様性を保全するかということも考えなくてはいけない。これについては，遺伝学の専門家に助言を求める必要があるだろう。少なくとも，飼えなくなった魚の命を大切にするという理由での遺棄的放流や，絶滅危惧種となっているから増やすという目的の放流は，皮肉なことに目に見えない遺伝子レベルで野生メダカの集団の存続の可能性を下げて，絶滅に追い討ちをかけてしまうことを理解し，やってはいけないことだと広める必要がある。繰り返しになるが，これらは外来種問題そのものなのである。

野生メダカを保全する具体的な方法は第7章に述べられているが，それぞれの状況に応じた適切な対応が必要であるため，専門的な知識が不可欠となる。メダカにおいて自然界への放流が許されるのは，冒頭で紹介したよ

うな，すでに失われた集団を取り戻すために，生育環境改善ができるなどその後の集団の存続が保障できる条件が整っており，そして遺伝的多様性の保全に関する知識のある専門家の指導のもとで行う場合に限られるのである。

北川忠生

コラム8　メダカの放流を報じないで！

第4章でも述べたように，メダカの放流は，個体数を減らしている野生メダカの集団に対して追い討ちをかける行為であり，厳に慎むべきである。近年，多くの人がこのことを理解するようになってきたと感じる。実際，インターネットで「メダカ／放流」や「メダカ／遺伝子」などで検索してみると，研究者だけでなくテレビの放送局の記事や観賞魚販売店，個人のブログなどで遺伝的多様性の保全や放流に関して注意喚起をしているものがヒットするようになってきた（**口絵写真15**）。しかしながら，メダカの放流を善行として報じているテレビやニュースの記事がいまだに散見されるのも事実である。このようなメダカの放流が続けられているのは，現代の状況においてある程度必然的なものではないかと考えている。

人々が自然環境へと関心を向ける中で，それを取り戻そうという意識も高まり，多くの人が行動し始めている。わが国の原風景にあるメダカを身近な水辺に戻したいという動機は間違いなくすばらしいことである。一方で，身の周りには簡単に安価で手に入る飼育品種のメダカがあふれている。また，子どもたちは小学校でメダカ（実際には多くはヒメダカ）を育てる学習に取り組んでいる。守りたい野生メダカは減っている一方で，メダカ自体は簡単に手に入れることができるのである。つまり，ことの表面だけを見れば，“守りたい”という動機には十分応えることができる状況が成り立っているのである。このような中で，メダカの放流を善行のように伝える報道があれば，さらなる安易な放流を促す動機には十分なるであろう。なかには，メディアが取り上げれば団体の活動のアピールとなることも動機になっている場合もあるのではないだろうか。

減っている野生メダカとあふれかえる飼育品種，これら両者が異なるものであることを意識しない限り，飼育品種をもって野生メダカの集団を補うという発想が生じて当然である。実際，私の共同研究者が大学で講義中にメダカの話をしたところ，野生メダカが黒い体色をしていることを知らず，ヒメダカを野生のものだと思っている学生が複数いたという。このような現状において人々に伝えなければならない情報は，「メダカの放流」ではなく，メダカという魚の中にある違いなのである。筆者らは，この違いをはっきりさせるために，飼育品種を野生メダカとは別の名称で呼び分けることを提案している（細谷ら, 2017，第6章参照）。

メダカの放流が引き起こす問題は，遺伝的撹乱という目に見えない現象である。生物の保全と遺伝学の両方に精通した専門家の指導がなければ絶

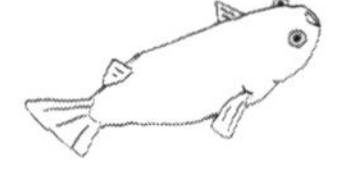

対に行ってはいけない。では，本当に野生メダカを増やすにはどうすればよいのだろうか。第2章にまとめられている繁殖生態と保全の内容は非常に示唆に富んでいる。野生メダカは，その地域で絶滅していない限り，繁殖できる環境さえ整えてやれば，放流しなくてもあっという間に増える魚なのである。そもそもヒメダカが小学校の教材としても使われているのは，誰にでも飼えて，簡単に繁殖させることができる魚だからである。

インターネットの普及により，研究者も含め一般の人が情報を発信する手段や機会が増えてきた。しかし不特定多数の人に情報をいきわたらせる手段としては，テレビや新聞などのマスコミの力はまだ絶大である。誤った行動を導く情報を流すことなく，伝えるべきものをしっかりと伝えることが重要である。

北川忠生，中尾遼平

● 引用文献

北川忠生：第3の外来魚．日本魚類学会編．魚類学の百科事典．2018. pp. 526－527.
細谷和海，小林牧人，北川忠生：野生メダカ保護への提言．海洋と生物，39 (2)：138－142, 2017.

第5章

日本の野生メダカにおける遺伝的撹乱の現状

1. はじめに

ある地域の野生メダカを他の遺伝的に異なる野生メダカのいる地域へ放流することによって在来の集団に遺伝的撹乱が生じる問題は，有名な童謡「めだかの学校」にかけて「めだかの転校」問題と呼ばれている。1990年代にはこの問題が認識され始めたので，生物の保全に関心の高い人であれば聞いたことがあるだろう。しかしながら，これだけ生物多様性の保全への意識が高まり，DNA分析が普及している現在においても，遺伝的撹乱の実態については断片的かつ感覚的なものだけで，具体的な情報はほとんどなかった。野生メダカの保全活動は全国各地で行われているが，その対象である野生メダカが本当にその地域在来のものかどうか，ほとんど確認されてこなかったのである。これに対して，筆者らはその実態の解明に取り組み続けている。幸いにもメダカは実験モデル動物であることから，多くのゲノムの情報や野生メダカの遺伝的分化に関する情報が蓄積されており，これらを活用することで感覚的なものでしかなかったこの問題の実態が少しずつ明らかになってきた。

野生メダカにおいて遺伝的撹乱を引き起こす外来遺伝子の移入は，大きく2つの要因が関わっていると考えられる。ひとつめは，別種または同種の他地域由来の野生メダカの人為的移入であり，冒頭で紹介した「めだかの転校」そのものにあたる (Takehana *et al.*, 2003)。ある地域で採集された野生メダカが飼育または販売目的などで人為的に持ち運ばれ，飼育放棄（飼育している生物を飼いきれずに野外へ放ってしまうこと）などにより本来の生息地以外の場所に放流されてしまうケースが考えられる。さらに，絶滅危惧種となっている野生メダカを復活させるという目的で，他地域で採集された個体やそれに由来する人為的に繁殖させた個体を放流するケースは，単なる飼育放棄などに比べて組織的に行われ，規模も大きくなることから，最も懸念される事例である。第3章ですでに述べたとおり，現在の分類学上，日本国内の野生メダカはキタノメダカとミナミメダカの2種に分けられている（Asai *et al.*, 2011）。また遺伝学的な調査によりキタノメダカは2つの，ミナミメダカは地域分化の進んだ9つの地域型に分化している（酒泉, 1990）。ここでひとつ補足しておくと，これらは特定の塩基配列を解析することで識別できるものだけを参考にしており，実際には多数あるうちのほんの一部をみているにすぎない。そのため，全ゲノムでみたときには地域型の中の水系レベルで，または同一水系の中での生息場の違いなどで，それぞれに別の遺伝的な違い（遺伝的分化）があるだろうと考えるべきである。話を戻すが，野生メダカは遺伝的分化のとても進んだ魚であり，それぞれの地域の遺伝的多様性，いわばそれぞれの「めだかの学校」がもつ“校風”のようなものを守っていく必要がある。いったん「めだかの転校」が起きると，転校先によっては「地元のめだかの学校」では撹乱が生じて，結果としてそれぞれの“校風”が歪められてしまう。

2つめは，養殖・流通している観賞用の飼育品種の野外への流出である。本来，人間の管理下で飼育されるべきものが自然界に逃げ出すため，本章ではこれを便宜的に「めだかの脱走」と呼ぶ。丈夫で飼育しやすく繁殖も容易なメダカは観賞魚として人気があり，多様な形態や体色をもつ飼育品種が作出･販売されている。また，その希少性や美しさに加え流通量が影響し，1ペアまたは1個体で1万円を超えるものから100円でお釣りがくるものまで，飼育品種の価格設定は非常に幅広い。特に体色の黄色変異を固定した“ヒメダカ”は，ホームセンターにあるペットコーナーや観賞魚店でもまず間違いなくその姿を見ることができるほど，大規模に流通している。これは，ヒメダカ自体が観賞魚であることに加え，肉食性観賞魚の生き餌として，また，教育活動における教材としての需要があるためだと考えられる。このように，さまざまな用途で社会へ浸透しているヒメダカは，私たちにとって身近な存在であるのはいうまでもない。もはやヒメダカは，野生メダカを差し置いて我々にとって最もポピュラーなメダカであるといえるかもしれない。一方で，心ない飼育者の飼育放棄や教材としての利用を終えた個体の遺棄，養殖現場からの逸失などを原因として，野外の水路や池などでヒメダカが採集されたり，目撃されるといった事例も実際に報告されている。筆者らも奈良県内の河川や用水路で調査していたときに，個体数と地点数ともに数えきれないほどのヒメダカを見かけた経験があり，過去の地域的な研究事例においても，ヒメダカが採捕されたり，ヒメダカ由来と思われる遺伝子が多数の野生メダカ個体から検出されたりしている（小山と北川, 2009；横田ら, 2014）。メダカに限らず命ある生物を飼うときは，最後までつきあうという覚悟と責任をもつことが原則である。しかしながら，飼育品種のメダカが野外へと流出していることもまた事実であり，その結果として遺伝的撹乱が起きてしまっていることを，まずはしっかりと認識することが重要であろう。

では，全国にある「めだかの学校」は，現在どのようになっているのだろうか。他地域からの「めだかの転校」や飼育品種の「めだかの脱走」が相次ぎ，その地域の「めだかの学校」の“校風”は乱れてしまっているのだろうか。野生メダカの遺伝的撹乱については，そもそも全国を対象とした大規模な遺伝解析の調査研究は行われておらず，“どこで”，“どのくらい”遺伝的撹乱が進行しているのか，それは“何が”引き起こし，“どこまで”広がっているのか，といった実態はほとんど明らかになっていなかった。これらの課題を解明することは，野生メダカにおける遺伝的多様性の現状を知るだけでなく，遺伝的多様性を脅かす外来集団の移入元や移入経路の特定につながる。なにより，各地域において積極的な保全・保護活動の対象となる遺伝的に純粋な在来メダカの特定が可能となる。本章では，全国の野生メダカの遺伝解析を行い，遺伝的撹乱の現況把握と主要因の特定を試みた筆者らの研究について紹介していく。

2. 全国の野生メダカの遺伝解析

2. 1. DNAマーカーによる遺伝的撹乱の検出

野生メダカにおける遺伝的撹乱の全体像を知るためには，できるだけ広範囲にわたり多くの地域の集団について調査する必要がある。筆者らは，多くの人々の協力のもと，全国から105地点の野生メダカを採集した（Nakao *et al.*, 2017a）。なお我々は一連の調査研究で数多くの野生メダカの採集を行ったが，日本魚類学会のガイドラインに従い，必要最低限の個体の採集のみにとどめている。また各地の野生メダカの遺伝子を解析するにあたり，DNAサンプルの採取のために個体をエタノールで保存することになるが，その際は事前に氷冷による麻酔処理を行うことを心がけ，魚に苦痛を与えないよう最大限の配慮を行っている。

この中には残念ながら本来の生息地ではない北海道の1地点も含まれていた（日本の野生メダカの在来生息地は，青森県から沖縄県の沖縄島までである）。この集団は生息域外への移入種，つまり国内外来魚の位置づけが正しいと思われるが，本章ではひとまず遺伝解析対象のひとつとして取り扱っていく。その他，キタノメダカ7地点，ミナミメダカ97地点から集められたおよそ1,000個体（各地点10個体程度）のDNA分析を行った（**図5. 1**）。さらに，この調査で得られたミナミメダカの中には，ヒメダカと思われる黄体色のもの（以下ヒメダカ個体）が20個体含まれていた（**図5. 1**）。これまで，ヒメダカの養殖が盛んな奈良県大和郡山市周辺で多くのヒメダカ個体が目撃されていたが，今回の調査でヒメダカの主要な養殖産地のひとつである愛知県弥富市周辺や関東地方でも同様に目撃され，採集された。この時点で，すでに飼育品種の脱走が起きている可能性が高いが，これらの脱走メダカが野生メダカに影響を与えているかどうかは，まだわかっていなかった。野生メダカと異なる体色をもつ各種の飼育品種は，そもそも野外に出たところで生き延びられないだろう，少し逃げ出した程度なら問題ないだろうと考えられていたためである。

遺伝的撹乱の影響の有無を調べるために，遺伝解析では各個体からDNAを抽出し，第3章でも紹介した核DNAの体色原因遺伝子マーカー（以下*b*マー

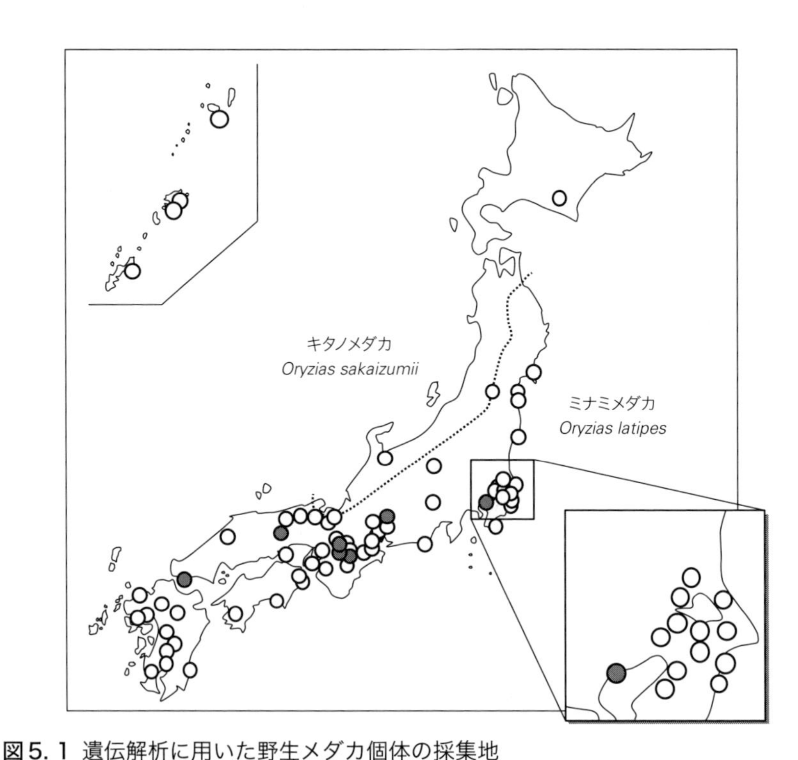

図5. 1　遺伝解析に用いた野生メダカ個体の採集地
白色は野生メダカのみが採集された地点を示し，灰色は野生メダカと同時にヒメダカが採集された地点を示す。点の中には，近接する複数の地点を含むものもある。破線は，キタノメダカとミナミメダカの分布の境界線である。北海道については本来の分布域外である。（Nakao *et al*., 2017a, bに基づき作成）

カー；中井ら, 2011）とミトコンドリアDNA（mtDNA）のcyt*b*領域（以下cyt*b*解析；Takehana *et al*., 2003）を用いた分析を行った。以下にそれぞれの分析方法を詳しく述べていく。ところで，遺伝解析というタイトルからは，とても難しい分析手法の数々を想像するのではないだろうか。多くの場合はそのとおりであり，近年の解析技術の発展に伴って生物学における遺伝解析は全ゲノムの解読や機能遺伝子の特定（どの遺伝子が発現すると，どのような効果を身体に与えるのかを特定する）などが行われるようになってきている。しかし，本章で用いている解析はとても簡単な手法のみであり，慣れれば中高生でも簡単に取り組めるものばかりである。解析手法について理解してもらうことで，後の説明をより深く理解できるため，ちょっとした遺伝学の知識を学ぶイメージで手法についても読み進めてもらいたい。

ひとつめの解析手法である*b*マーカーは，核DNAの第12番染色体上にあるメダカの体色原因遺伝子（通称*B*遺伝子）をターゲットとして，野生メダカの対立遺伝子（*B*型）と，ヒメダカの対立遺伝子（*b*型）を判別するために開発されたDNAマーカーである（**図5. 2**）。*b*マーカーのターゲットである*B*遺伝子（正式名称*slc45a2*遺伝子）は，メダカのもつ4種類の色素（黒色素，黄色色素，白色素，虹色素）のうち黒色素の発現に関わる遺伝子である。ヒメダカはこの*B*遺伝子の発現の調整を行うプロモーターと呼ばれるDNA領域

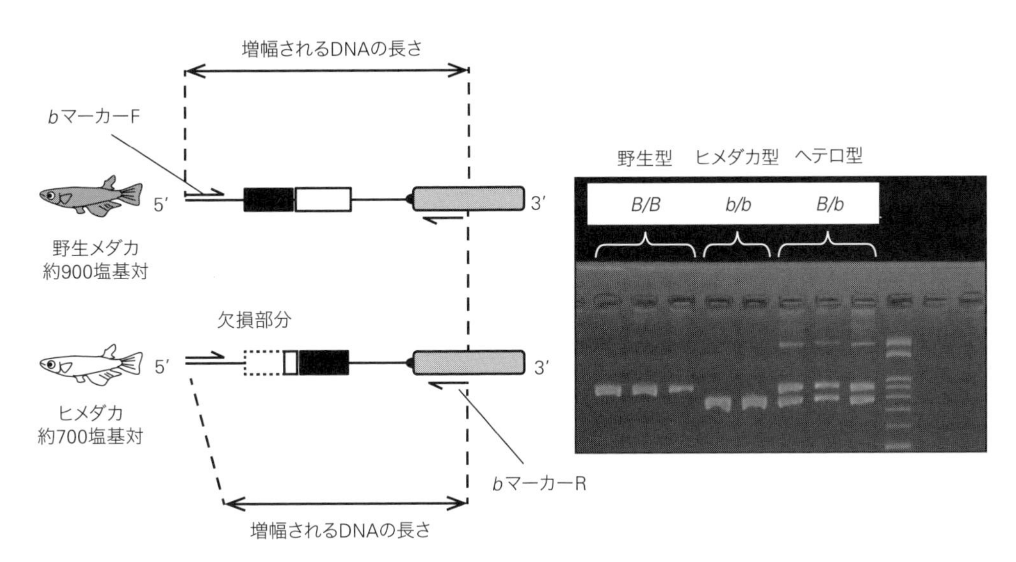

図5. 2 ヒメダカの体色原因遺伝子を判別するマーカー（*b*マーカー）の概略図

*B*型は野生型，*b*型はヒメダカ型の遺伝子構成をそれぞれ示す。ヒメダカ型では途中に170 bp程度の欠損（破線部分）がみられるため，図中右側の電気泳動図にすると2種の対立遺伝子を容易に区別することができる。白いバンドは増幅されたDNA断片を示す。DNA断片が短い方が図中で下に位置する。（図中右側の写真は中井ら，2011を改変）

の一部に変異が生じており，体表皮での黒色素の発現が抑制されてしまうために，野生メダカのような黒い体色にはならず，黄体色となる。完全に発現しないわけではないため，ヒメダカにも黒色素は存在しており，鱗を採って顕微鏡で観察してみると，ところどころに黒色素が乗っているのが確認できるだろう。また，体表皮でのみ抑制されて，それ以外の組織では正常に黒色素が発現していることから，アルビノのような赤眼ではなく野生メダカと同じ黒い眼をもっている。*B*遺伝子はメンデルの法則に従って遺伝し，*B*型は顕性（優性），*b*型は潜性（劣性）の対立遺伝子であるため，顕性（優性）の法則によってヘテロ型個体（*B/b*）の表現型は野生メダカと同じになる。遺伝子型とは，この（*B/b*）のような対立遺伝子の組み合わせだけを示すものであり，表現型は顕性の遺伝子が反映される（*B/b*であれば*B*型が顕性なので，表現型は野生メダカとなる）。野生メダカの体色をしたヘテロ型個体を外見から判別することはできない。しかし，この*b*マーカーを使うことで，純粋なホモ型をもつ野生メダカ（*B/B*）やヒメダカ（*b/b*）はもちろん，ヘテロ型になって表現型に現れないヒメダカ由来の遺伝子も検出できてしまう。さらに，PCR（Polymerase Chain Reaction）法（特定の遺伝子領域の配列を増幅して決まった長さのDNA断片を得る方法）によって得られる断片長が2つの対立遺伝子間で異なるため，電気泳動（異なる長さのDNA断片を分離・検出する方法）という非常に簡易的な手法のみで遺伝子型を判別できるのも，*b*マーカーの優れた点のひとつといえるだろう（**図5. 2**）。したがって，PCRを実行するための機械（サーマルサイクラー）と結果を判断する電気泳動装置さえあれば，中高生でも同様の実験ができるほど簡単にヒメダカによる遺伝的撹乱を検出できるのである。

一方，cyt*b*解析は各個体がもつミトコンドリアの遺伝子型（マイトタイプ）を判定することができるDNAマーカーである。どのマイトタイプがどの地域の在来型なのかは過去の研究により明らかになっているため（Takehana *et al.*, 2003），各個体が在来型・非在来型のどちらをもっているかで遺伝的撹乱が起きているかどうかを判別できる。また第3章で紹介したとおり，市販されているヒメダカは2種類のマイトタイプのみで構成されていることが明らかとなっているため（小山ら, 2011），このうちどちらかが検出されれば，これらをヒメダカ由来としてみなすことができる。ミトコンドリアDNAのcyt*b*領域では，シーケンス解析によって塩基配列そのものを決定することもあるが，メダカではPCR-RFLP（PCR-Restriction Fragment Length Polymorphism）法を用いて容易に遺伝子型を決定することができる。PCR-RFLP法は，上述したPCR法によって増幅させたDNAを制限酵素（特定の塩

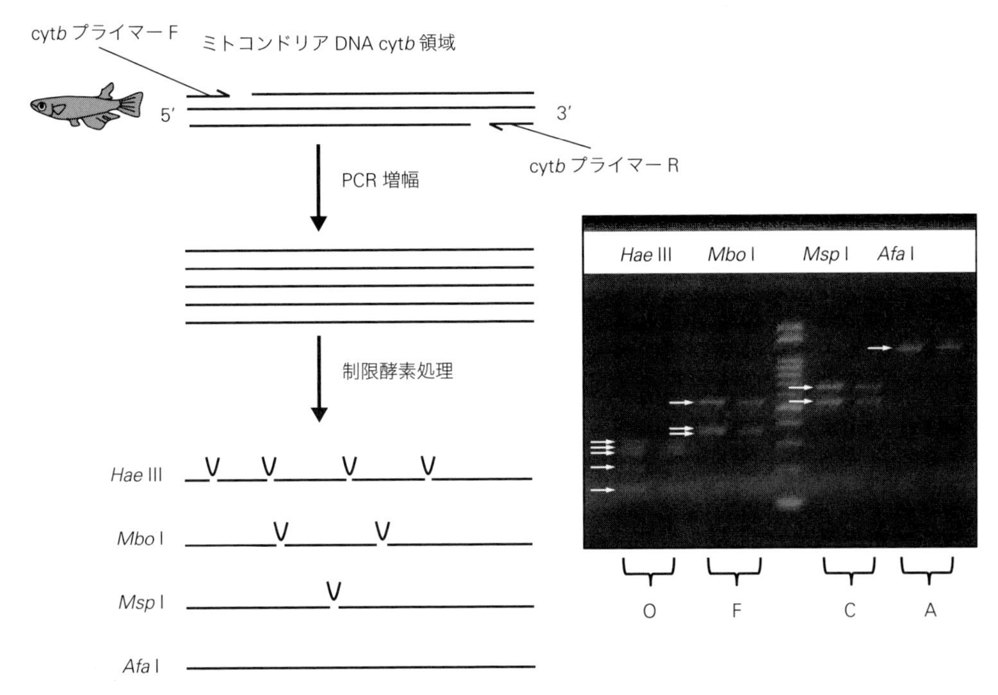

図5. 3 ミトコンドリアDNA cyt*b* 解析概略図
図中右側の電気泳動図は，九州の野生メダカ2個体のPCR-RFLP分析の結果を示す。PCRで増幅したDNAを4種類の制限酵素（*Hae* III, *Mbo* I, *Msp* I, *Afa* I）で切断し，その断片パターン（右側写真）から，それぞれのマイトタイプを判断していく。例えば，*Hae* IIIであれば，5個の断片に切断されたパターンからO型といったように判断していく。最終的に，4つの制限酵素の断片長パターンを組み合わせ，これら2個体のメダカは，OFCA型（マイトタイプB23）をもっていたということがわかる。この方法で日本の野生メダカを分類すると，67種類のマイトタイプ（地域型遺伝子）に分類される。（Takehana *et al.*, 2003に基づき作成）

基配列に反応して，これを切断する効果をもつ酵素）で切断し，その断片長の違いから個体のもつ遺伝子型を判別する手法である。例えば*Hae* IIIと呼ばれる制限酵素は，「---GGCC---」という塩基配列に特異的に反応し，GGとCCの間を切断するはたらきをもつ。cyt*b*解析では制限酵素を4種類（*Hae* III, *Mbo* I, *Msp* I, *Afa* I）用いてPCR-RFLP法を行い，塩基配列の断片パターンを読み取っていく。4種類それぞれの断片パターンが電気泳動によって決まったら，それらを組み合わせて各個体のもつマイトタイプを決定していく。例えば，**図5. 3**では，九州の野生メダカ2個体のcyt*b*解析の結果（電気泳動図）が示されており，4種類の制限酵素によって決定された断片長のパターンがみられる。先行研究（Takehana *et al.*, 2003）の断片長パターンに照らし合わせるとこれはOFCA型というパターンとなり，B23という九州地方に在来のマイトタイプであることがわかる。つまり，2個体の野生メダカは，在来型のマイトタイプをもっていることになる。もちろん，cyt*b*解析だけで真偽を図ることはできない（*b*マーカーでは*b*型が出るかもしれない）が，在来の野生メダカである可能性が高まったといえるだろう。一方で，cyt*b*解析には，ヒメダカと同じマイトタイプを在来型でもっている地域（奈良県や愛知県など）では遺伝的撹乱が起きているかどうかを判別することはできない，という欠点がある。この欠点を補うという意味でも，*b*マーカーを併用して遺伝解析を行う必要性が高まる。筆者らは，この2種類の手法を用いて全国の野生メダカの遺伝子を調査した。

2. 2. 全体の現状とその原因

本章での遺伝解析の結果について，以降では非在来型のマイトタイプを“外来マイトタイプ”，*b*型および外来マイトタイプの両方を指す場合は“外来遺伝子”，*b*型およびヒメダカ型のマイトタイプをあわせて“ヒメダカ由来の遺伝子”と表記する。

全国の野生メダカを対象に行ったDNA解析の結果は驚くべきものであった。何らかのかたちで遺伝子移入を受けていると判断されたのは，調査した全105地点のうち50地点であった。つまり，約半数の地点で在来ではないメダカの移入による遺伝的撹乱が生じていることになる（図5. 4灰色地点）。また，外来遺伝子が確認された地点は全国的に分布し，なかには遺伝子型のほとんどもしくはすべてが外来遺伝子のものになっている，というところもみられた。したがって，野生メダカは“どこで”，“どのくらい”遺伝的撹乱が進行しているのかという課題に対して，“日本全国で”，“ほとんど外来遺伝子で構成される集団が見つかるほど”ということになった。

キタノメダカでは調査した7地点のうち1地点の1個体から外来遺伝子が検出されており，この個体は核DNAで*b*型を有していた。この1個体は，当初ヒメダカ由来の遺伝子をもったミナミメダカがキタノメダカの生息地へ移入されただけなのではないかと思われたが，cyt*b*解析では在来型（キタノメダカのマイトタイプ）をもち，形態からもキタノメダカであると判断された。このことは，1個体という少数の事例ではあるものの，ミナミメダカ由来の飼育品種であるヒメダカとキタノメダカが交雑し，遺伝的撹乱が種をまたいで生じていることを物語っている。一方のミナミメダカでは，調査した98地点中49地点から*b*型やcyt*b*解析で外来マイトタイプが検出された。外来遺伝子をもつ個体の遺伝子型の内訳をみていくと，ヒメダカそのもの，またはヒメダカに由来するものが検出されたのは48地点（96％）であった（図5. 5A）。これに対し，他地域由来のミナミメダカの移入は10地点（20％）で，すべてヒメダカ由来の遺伝子型が検出された地点と重なった。つまり，

図5. 4 日本の野生メダカにおける遺伝的撹乱の現況
○は在来型の遺伝子のみで構成された地点（在来集団）を示す。●は外来遺伝子（ヒメダカ型または他地域型）が検出された，遺伝的撹乱が生じている地点を示す。✕は入口ら（2017）によって新たに発見された関東地方在来型のマイトタイプB1aで構成された集団の地点である。また，九州地方にみられる◆の地点は，Nakao *et al.*（2017b）で新たに見つかった遺伝的撹乱が生じている地点を表している。コラム9参照。（Nakao *et al.*, 2017a, bに基づき作成）

他地域からと思われるマイトタイプの移入のほとんどがヒメダカの移入と同時に起きているといえるのではないだろうか。これには，ヒメダカに各地の野生メダカを掛け合わせて販売されている「黒いヒメダカ」（第3章参照）が関与している可能性が高いと考えられる。**図5. 5**Bと**図5. 5**Cでは，外来遺伝子が検出された個体の割合と，その中に含まれるヒメダカ由来と他地域由来の外来マイトタイプの割合を示している。**図5. 5**Cをみると，そのほとんどがヒメダカ由来の遺伝子であり（92.0％），他地域由来の外来マイトタイプはごくわずかである（8.0％）ことがわかる。つまり，他地域由来の野生メダカによる遺伝的撹乱の影響は少なからずあるものの，外来遺伝子はほぼヒメダカ由来であるといえよう。これによって，野生メダカにおける遺伝的撹乱は，おもに「めだかの転校」ではなく「めだかの脱走」によって引き起こされており，その中でも特に「ヒメダカの脱走」の影響が大きいと考

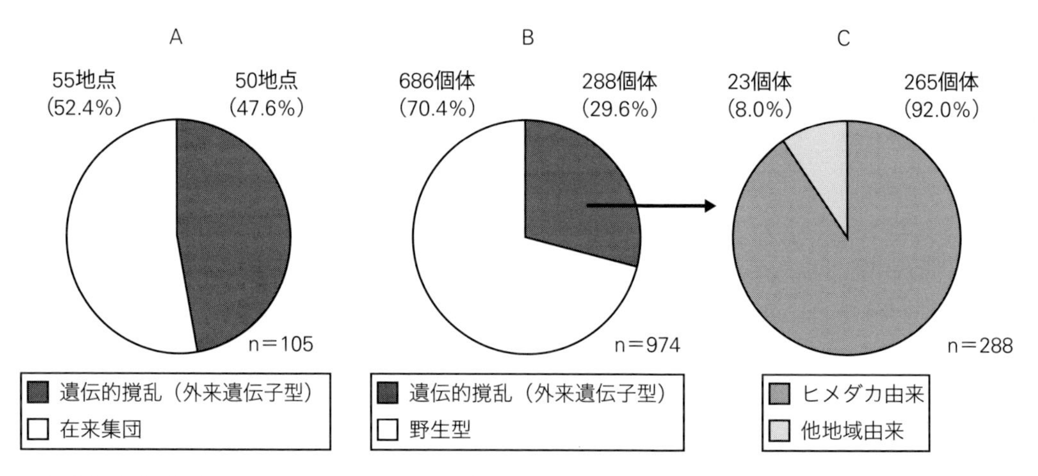

図5. 5　採集地点数，個体数別にみた全国の野生メダカにおける遺伝的撹乱の割合
各数値と割合は，円グラフ内の採集地点数または個体数とその割合を示している。それぞれの円グラフは，ヒメダカ体色原因遺伝子マーカー（*b*マーカー）とミトコンドリアDNA cyt*b*領域（cyt*b*解析）の両方の結果を合わせた割合を示している。したがって，野生型の割合はどちらのマーカーでも野生型を示した地点または個体の割合である。一方で，遺伝的撹乱の割合は，*b*マーカーまたはcyt*b*解析のどちらかで外来遺伝子であると判断された地点または個体の割合である。A：全採集地点における在来集団と遺伝的撹乱が生じていた集団の割合。B：全個体における野生型個体と遺伝的撹乱が生じていた個体の割合。C：Bで遺伝的撹乱が生じていた個体のうち，ヒメダカ由来の遺伝子型と他地域由来の遺伝子型を有していた個体の割合。（Nakao *et al.*, 2017aに基づき作成）

えられる。つまり“何が”遺伝的撹乱を起こしているのかという課題に対して，おもに“ヒメダカが”，ということになる。

次に，ヒメダカ由来の遺伝子が頻繁に検出された地点をみてみると，やはり都市部（東京都・大阪府）とその周辺に集中している傾向があった（**図5. 4**）。先に述べたように，ヒメダカは教材や観賞魚として利用されるケースが多いことから，人口の多い都市部では必然的にその需要が高まり，それに対応するためにホームセンターや観賞魚店などヒメダカを取り扱う施設が多くなる。購入されたヒメダカのうち何らかの理由で飼育放棄されたものが，自然環境へ流出しているのだろう。ヒメダカによる遺伝的撹乱のリスクは，需要の高さに比例して大きくなっているといえるだろう。また，ヒメダカやキンギョの主要な養殖産地（愛知県・奈良県）の周辺でも，遺伝的撹乱が検出されやすい傾向がみられた。このような地域では，養殖施設としておもに水田を改良した素掘りの池や，管理のしやすいコンクリート池を利用していることが多い。簡易的な造りをしたこれらの池は水位の変動によるオーバーフロー（溢水（いっすい））が起きやすく，雨天時の増水や池の換水によって容易に魚が養殖施設から用水路などへ流出してしまう。近年では高価な飼育品種も多く作出されているが，それらは室内や個別の養殖池また

は水槽で大切に飼育されており，安易に脱走することはない。脱走しやすい粗放的な環境で大量に養殖されている飼育品種の大部分は，安価なヒメダカである。実際に，これらの地域では養殖施設周辺の用水路や河川でヒメダカが野生メダカの群れに交じって遊泳しているのを頻繁に見る。養殖施設周辺では，同時に泳いでいる（野生メダカの体色をした）メダカが野生のものかどうかは議論の余地があるものの，野生メダカにとってヒメダカと接触する機会が常に生じているようである。

ここまで紹介した調査では，九州地方や沖縄島など一部の地域では在来の遺伝子型のみが検出される結果となったが，後に述べる筆者らの別の調査によって，ごく限られた一部の集団であるが，九州地方でもヒメダカによる遺伝的撹乱が起きていることが明らかとなった（**図5. 4**◆の地点；Nakao *et al*., 2017b）。また今井ら（2017）は，沖縄島でのヒメダカ採集と他地域由来の遺伝子型の検出を報告している。沖縄島や屋久島に野生メダカがいるのを不思議に思う人も多いだろうが，これらの島だけでなく瀬戸内海の小豆島や淡路島など，島嶼（とうしょ）にも野生メダカは生息している。つまり現状では，本州，四国，九州はもちろんのこと，屋久島や沖縄島のような島嶼部を含めて，日本全国で外来遺伝子の移入が生じていることが明らかとなった。したがって，野生メダカでは遺伝的撹乱が“どこまで”生じているのかという課題に対して，“北海道から沖縄まで，かつ島嶼部のような細部まで広がっている”，ということになった。さらに，島嶼部で見つかった集団の遺伝子構成は，他の地域とは異なる興味深い点がひとつあった。ヒメダカ由来の遺伝子が検出されると同時に，関東地方の野生メダカ由来のマイトタイプが検出されたのである。島嶼部においても，屋久島や小豆島など，それぞれの島に在来の野生メダカが生息している場所は多く存在する。もしこれらの地域にヒメダカが移入され，遺伝的撹乱が生じたのであれば，本来は各島に在来の遺伝子とヒメダカ由来の遺伝子が混在することはあっても，関東の野生メダカ由来の遺伝子が混ざることはないはずである。しかし，同時に関東地方のマイトタイプが検出されたということは，離島部に関東の野生メダカがヒメダカとともに持ち込まれた，あるいはすでにヒメダカと交雑して生じた関東の野生メダカの子孫が持ち込まれたことを示す証拠になるのではないだろうか。また，屋久島や加計呂麻（かけろま）島では，移入起源の遺伝子をもつ集団のみが確認されている。もともと野生メダカが生息していない場所に放流された集団なのか，遺伝的撹乱によって在来の野生メダカが排除されたのかは定かではない。しかし，後者であれば外来遺伝子の移入によって在来野生メダカの遺伝子が駆逐されたという深刻な状況といえるだろう。可能性として，個体数の少ない野生メダカの集団にそれを超える数の在来ではないメダカやヒメダカが人為的に移入された場合，(環境への適応力が遺伝子間で違わないのであれば) 少数派となってしまった在来の遺伝子型は時間経過に伴って外来遺伝子に置き換わってしまうと考えられる。島嶼部の生息地は九州地方を中心に多く残されているが，すでにヒメダカの生息や遺伝的撹乱が確認されていることから，予断を許さない状況である。北海道については野生メダカ本来の生息域ではないため，国内外来種という位置づけになるが，本章で取り上げた北海道の集団からも，島嶼部と同様にヒメダカ由来の遺伝子と関東の野生メダカ由来の遺伝子が検出されている。そのため，北海道に持ち込まれているメダカについても，近隣の東北地方などからではなく関東地方からの移入であると考えることができるだろう。在来の野生メダカがいないため遺伝的撹乱が生じることはないが，国内外来魚として北海道の生態系に与える影響は不明である。そのため，移入されたメダカの振る舞いについては，今後も注意深くモニタリングしていく必要があるだろう。

最近，筆者らは特に関東地方において外来のマイトタイプを判別するには，従来のcyt*b*解析だけでなく，より慎重な精査が必要であることを示した (入口ら, 2017；Iguchi *et al.*, 2019)。ミトコンドリアDNAのうち，cyt*b*領域よりも進化速度が速いとされるNADH脱水素酵素サブユニット2 (ND2) の遺伝子領域の塩基配列を比較したところ，従来の方法では見落とされていた関東地方の在来の遺伝子型が見いだされた (コラム9参照)。野生メダカの減少が特に激しい関東地方の都市部周辺において，保全すべき野生集団を正確に特定することは，とても重要なことといえる。そのための新たなツールが手に入ったことで，今後，より正確な遺伝的撹乱の有無を判断できるようになると考える。

3. 野生メダカの遺伝的撹乱の現状と課題

遺伝的撹乱の実態が解明され，その大部分がヒメダカに由来することが判明し，全国的に同じ傾向であることもわかってきた。これらは，ヒメダカの脱走を防止できれば，遺伝的撹乱の進行や新たな発生に対して大幅な抑制につながることを意味している。自然発生した黄色変異の個体をもとにヒメダカという飼育品種が作出された経緯があるように，野外でもヒメダカと同じ体色をもつ個体が自然発生するケースがあるかもしれない。しかし，それはとても低い確率であり，現在野外で検出されている*b*型は，ほぼ100％ヒメダカ由来のものであるといって間違いないだろう。また，長い

歴史の中で養殖され続けてきたヒメダカと自然発生する黄色変異の個体では，B遺伝子内の塩基配列の変異が異なっている可能性が高く，後者をbマーカーでヒメダカのように検出できるかどうかは，今後検証していく必要があるだろう。

全国の野生メダカについて，調査地の約半数で遺伝的撹乱が確認された一方で，残りの55地点は在来の遺伝子型のみで構成されていた。ここで一度振り返って，野生メダカの地域型の分布と境界を示している第3章の**図3. 1**と本章の**図5. 4**を見比べていただきたい。これらを比較すると，全国的に遺伝的撹乱が生じてはいるが，その影響が生じていない野生メダカの集団(**図5. 4**○の地点)が，先行研究(酒泉, 1990)で決定されたそれぞれの地域型に含まれていることがわかる。つまり，野生メダカの遺伝的多様性を保全するうえで最も重要となる地域型レベルの遺伝的多様性(各地域に適応している遺伝子型)は，今のところまだ残されている。すなわち，最悪の結果と考えられる地域レベルでの野生メダカの遺伝的な絶滅は起きていないのである。しかし，これらの地域でも，今後ヒメダカが移入され，遺伝的撹乱が生じる可能性は十分にある。現在残されている野生メダカの遺伝的多様性をこれ以上失わないためにも，各野生集団でヒメダカなどが移入していないかどうかの継続的なモニタリングは必須といえる。

野生メダカのもつ遺伝的多様性を保全していくために求められる最大の課題は，遺伝的撹乱をこれ以上進行させないこと，そして残されている遺伝的多様性を喪失しないことである。本章で紹介した野生メダカにおける遺伝的撹乱は不可逆的なものである。その現状は今も悪い方に変化しており，今後，在来集団の生息地に外来遺伝子の移入が起きて，集団内の遺伝的撹乱がさらに進行する，ということも十分に起こり得るだろう。筆者らの別の実験では，ヒメダカは野生メダカに比べて捕食者に狙われやすいが，野生メダカの群れや繁殖には自由に参加できるという結果が示されている(Nakao and Kitagawa, 2015)。これは，ヒメダカが捕食されやすい一方で，一度交雑が起きてしまうとその子孫は野生型の体色となるため，その高い捕食圧から解放されることになり，ヒメダカに由来する遺伝的撹乱が確実に進行することを示している。また，すでに外来遺伝子が検出されたとある河川において，そのひとつの支流の全域で調査を行った結果，その流程すべての地点で外来遺伝子が検出された。この結果は，移入された外来遺伝子がその流程全域に急速に広がる可能性を示唆するものである(中尾ら, 2017)。

では，ヒメダカの脱走を防ぐために最も効果的かつシンプルな方法はなんだろうか。答えはとても簡単で，購入したヒメダカや他の飼育品種を最後まで責任をもって飼育することである。これはメダカに限らず，また魚類に限らず，観賞用や愛玩用の動植物すべてに対して同じであることにご留意いただきたい。これに加えて，私たちはヒメダカを含む飼育品種の野外への放流が野生メダカに悪い影響を与える行為であることをもっと啓発していかなければならない。メダカは鑑賞魚や教材などさまざまなかたちで利用されており，緊急の対応が必要であるにもかかわらず，その利用者や保全活動に携わる人々で情報が共有されているとはいえない。生物における遺伝的多様性や地域性の重要さは，以前に比べれば人々の間に浸透してきたものの，まだまだ一般的な知識とはいえないだろう。メダカを飼育する人，商品として取り扱う人，増やす人，すべての利用者にこれを認識してもらう必要がある。したがって，野生メダカの遺伝的撹乱に関する啓発活動を今後も精力的に継続していく必要があり，本章およびこの本自体がその認識を広げるための手助けとなればよいと筆者らは考えている。

また，すでに遺伝的撹乱が生じていると判断された野生集団をどのように取り扱っていくかも重要な課題となる。遺伝的撹乱が生じている以上，“純粋な地域在来の野生メダカとしての価値”はほぼ失われているといっても間違いではないが，“地域に生きる野生メダカとしての価値”はまだ十分残っている。つまり，“積極的な保全活動の対象となっている野生メダカ”よりは優先度が一段階落ちるものの，“身近にみられる野生メダカ”として保全する意味はあるということである。特に，都市部周辺の集団では遺伝的撹乱が大規模に進行しているだけでなく，野生メダカそのものの個体数や生息地が激減している。そのような場合に，遺伝的撹乱が生じている集団であるからといって駆除してしまうと，地域に生息する野生メダカの絶滅につながりかねない。遺伝的撹乱が生じているという前提を残しつつ，野生メダカとしての価値をなくさないよう，メダカを愛しながらモニタリングを継続していく必要があるだろう。それぞれの地域の状況を把握しつつ，それに応じた取り決めを作っていくことが重要となってくるだろう。そして，これらの取り決めが十分に行われることで，現在残されている野生メダカの遺伝的多様性の保全に向けた提案や活動は，より明確なものになると筆者らは考えている。

4. おわりに

ここまでヒメダカを中心に，飼育品種が野生メダカに与える影響について述べてきた。しかし，勘違いしてほしくない重要な点は，「ヒメダカを含む飼育品種そのものは決して悪者ではない」ということである。しいていえ

ば，適切な管理や飼育を放棄した，またこれまで遺伝的な背景をしっかりと認識できていなかった人間の側の問題であるといえる。適切な管理のもとにある限り，飼育品種はとても美しく，そしてさまざまな姿を見せてくれるすばらしいメダカである。これ以上日本の野生メダカの遺伝的な絶滅の危機が進行する前に，ヒメダカを含む飼育品種の適切な管理や認識を社会へ啓発していく必要があるだろう。

中尾遼平，入口友香，北川忠生

コラム９　メダカは海を渡る？

一般的に一生を淡水域で生活する淡水魚を純淡水魚と呼ぶ（後藤, 1987)。純淡水魚は陸地と海によって移動が制限されるため集団間の隔離の程度が高く，その結果として地域集団間の遺伝的分化が進んでいることが知られている（Avise, 2000；渡辺と西田, 2003)。野生メダカも一生を田んぼ，用水路，池などですごすことから純淡水魚に含まれ，第３章でも示したとおり，実際に地域間で多くの遺伝的分化を遂げている（酒泉, 1990；Takehana *et al*., 2003)。一方で，メダカは塩分耐性が高いことも知られており，汽水域でもその姿を見ることができる（Inoue and Takei, 2003)。それはメダカが大きく分けるとダツやサヨリなどと同じダツ目に含まれ，海水魚に起源をもつためだと考えられている。

最近の研究において，日本列島の野生メダカは海を渡って分布を広げた可能性が示唆されている(Katsumura *et al*., 2019)。遺伝的分化のパターンをみると，北陸地方以北に生息するキタノメダカは広い範囲にわたり遺伝的分化の程度はとても小さく，同じことが東海地方以東に生息するミナミメダカにもいえる。つまり，野生メダカの中には，比較的最近に，急速に分布を拡大した集団があることをうかがい知ることができる。このような急速な分布拡大が生じた要因として，海を渡った可能性もあながち間違いではないようにも思える。一方で，西日本のミナミメダカは地域型の間でマイトタイプを共有していないことが多い。これは，野生メダカが2種に大きく分かれた後に，少なくとも地域的な分化が起きる程度の時間をかけて，それぞれの地域で分化を遂げてきたことを物語っている。海から頻繁に行き来することができるのであれば，このような地域間のまとまった遺伝的分化は生じないはずである。はたして野生メダカは海を渡って移動している（またはしてきた）のだろうか。筆者たちが各地域の集団を構成するマイトタイプを精査した結果，興味深い事例がみられた（入口ら, 2017；Iguchi *et al*., 2019)。

これまでのミトコンドリアDNAの*cytb*領域を用いた研究において，東瀬戸内地方に分布するマイトタイプB1a（以降B1a）と北九州を中心に分布しているマイトタイプB15（以降B15）が，関東地方の広範囲の集団から多く検出されている。純淡水魚において同一のマイトタイプが遠く離れた場所に不連続的に分布することは，非常に説明しにくい現象である(図5. 6)。そのため，この不連続な分布は，これまでは第５章で述べたような他地域からの人為的な移入により形成されたと考えられてきた。特にB1aはヒメダ

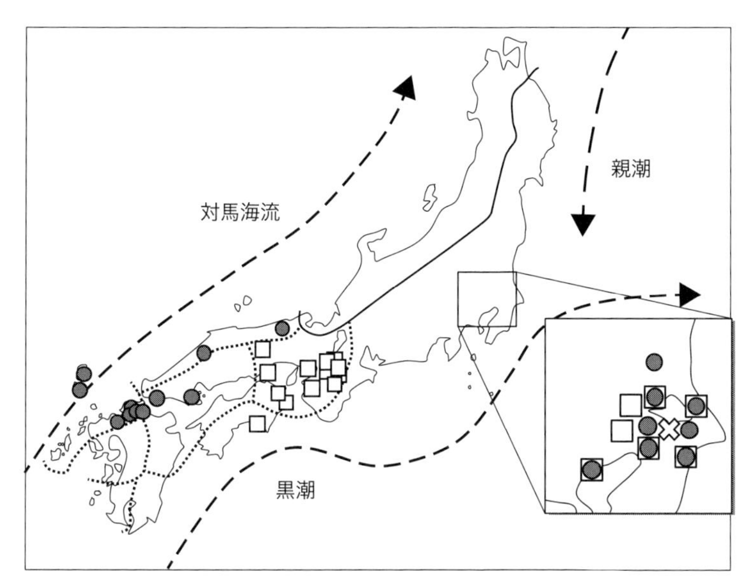

図5. 6　広域分布するミナミメダカのマイトタイプB1a（□）とB15（●）の地理的分布
本州中央の実線はキタノメダカとミナミメダカの分布の境界を，本州と九州の点線は西日本の地域集団の境界線を示している。太い破線矢印はそれぞれの海流とその方向を示している。図形の重なっている地点は，B1aとB15の両方が検出されている地点である。また，✕は入口ら（2017）によって関東地方在来と考えられるB1aのみが検出された地点である。（入口ら，2017およびIguchi *et al.*, 2019を改変）

カ由来の遺伝子のひとつであるため，人為的なヒメダカの移入によってもたらされたことは十分考えられた。筆者らはこれら2種類のマイトタイプが本当に人為的に持ち込まれたものであるのかを，*cytb*より多くの遺伝的な変異を蓄積しているとされるND2の遺伝子領域を対象としてマイトタイプ内の関係を精査した（入口ら, 2017；Iguchi *et al*., 2019）。もしこれらが，ごく最近の人為的な移入によりもたらされたのであれば，B1aやB15をもつ個体はND2の塩基配列をみても，地域間に違いはまったく生じていないはずである。しかしながら結果は，関東から得られたB1aやB15をもつ個体の中に，わずかながら独自の塩基配列をもつものがあり，さらにこれら同士がきわめて近縁であることが明らかになった。つまりそれぞれのマイトタイプは西から関東地方へたどり着いた後に，そこで独自に進化してきたものであることを示している。B15は関東以外では山陰地方などからも断続的に見つかっており，それらもまた独自の近縁な塩基配列をもっていることがわかった。もちろん移入の可能性も排除しきれないため（実際に関東地方には関西地方周辺のB1aが混ざっている集団もあるため），すべてのB1aやB15を在来と判断しないようにしなければならない。

野生メダカの各集団がもつマイトタイプの多くは，長い時間（数十万年単位）をかけてその地域で分化して生じたものであると考えられてきた。今回の発見は，それだけではなく，上記の地域集団の分化に加えて，B1aとB15のように比較的新しい時代（数万年前以降）に，広範囲に分散した集団も存在したということを示している。また，このような分散を可能にするのは乾燥に耐えられる野生メダカの卵が水鳥に付着したり（小林ら，2019），昔の人為的な影響（農作や稲作など）などによる移動の可能性も排除できないが，野生メダカが海を渡って自ら移動したと考えることはできないだろうか。また，先に述べたように，野生メダカ自体が塩分耐性の高い魚であるとともに，卵には纏絡糸（てんらくし）と付着毛という繊維があり，水草などに付着する珍しい特徴をもっている（第２章参照）。孵化日数が２週間前後と比較的長いメダカの卵においては（小林ら，2019），卵の付いた水草などが海流に乗って各地へ分散し，漂着した先で孵化し，子孫を増やしていったということも十分考えられるのではないだろうか。ごくわずかな個体で移動先の地域に定着するには，生育環境や産卵環境，天敵の存在などさまざまな条件が整う必要があるため，可能性は非常に低いといわざるを得ない。しかし，長い歴史の中で，偶然に条件が整った状況が生じても不思議ではない。日本海側の対馬海流をも生み出している黒潮は，300万年前から現在の位置を流れるようになったとされている。これをみると，野生メダカの生息域の北限が青森県であること，上記のマイトタイプの分布が関東地方周辺までと広域であることなど，主要な潮流の方向性と広域分布する野生メダカの遺伝子型の範囲は一致しているように思われる（図5. 6）。

海を通じた分散が直接黒潮などの沖合の潮流に乗ったものであるかは不明だが，野生メダカの遊泳力が小さいことを考慮すると，流れに逆らうような長距離の移動は困難ではないだろうか。それよりも，潮流に乗って流されるままに東へと分布を広げたと考える方が自然である。沖縄島や奄美大島のような南西諸島にも野生メダカが生息しているとされるが，それらの集団に含まれる塩基配列は九州北西部のものととても似通っている。最近の研究では，野生メダカは九州から海を渡って潮流に逆らって南下したと推測されている（Katsumura *et al*., 2019）。しかし，筆者らは海を介した分散はある程度事実と思っているが，泳ぎの得意ではない野生メダカがはたしてこのように潮流に逆行した長距離の移動を行えたかどうかは，おおいに疑問である。

入口友香，中尾遼平，北川忠生

● 引用文献

Asai T., H. Senou and K. Hosoya: *Oryzias sakaizumii*, a new ricefish from northern Japan (Teleostei: Adrianichthydae). Ichthyological Exploration of Freshwaters, 22: 289 – 299, 2011.

Avise J. C.: Phylogeography: The History of Species. Harvard Univ. Press, Cambridge, 2000, 447 pp.

後藤晃: 淡水魚類–生活環からみたグループ分けと分布形成–. *In*: 日本の淡水魚 (水野信彦, 後藤晃 (編集)), 東海大学出版会, 東京, 1987, pp. 1 – 15.

入口友香, 中尾遼平, 高田啓介, 北川忠生: 関東地方におけるミナミメダカ集団の在来マイトタイプの再検討. 魚類学雑誌, 64: 11 – 18, 2017.

Iguchi Y., R. Nakao, M. Matsuda, K. Takata and T. Kitagawa: Origin of the widely and discontinuously distributed mitochondrial genotypes of *Oryzias latipes*: introduced or native genotype?. Ichthyological Research, 66: 183 – 189, 2019.

今井秀行, 米沢俊彦, 立原一憲: ミナミメダカ琉球個体群における他個体群の放流による遺伝的撹乱の初事例. 日本生物地理学会会報, 71: 121 – 129, 2017.

Inoue K. and Y. Takei: Asian medaka fish offer new models for studying mechanisms of seawater adaptation. Comparative Biochemistory and Physiology, 136B: 635 – 645, 2003.

Katsumura T., S. Oda, H. Mitani and H. Oota: Medaka population genome structure and demographic history described via genotyping-by-sequencing. Genes Genomes Genetics, 9: 217 – 229, 2019.

小林牧人, 関加奈恵, 松尾智葉, 岩田惠理: ミナミメダカ受精卵の乾燥耐性. 自然環境科学研究, 32: 1 – 5, 2019.

小山直人, 北川忠生: 奈良県大和川水系のメダカ集団から確認されたヒメダカ由来のミトコンドリアDNA. 魚類学雑誌, 56: 153 – 157, 2009.

小山直人, 森幹大, 中井宏施, 北川忠生: 市販されているメダカのミトコンドリアDNA遺伝子構成. 魚類学雑誌, 58: 81 – 86, 2011.

中井宏施, 中尾遼平, 深町昌司, 小山直人, 北川忠生: ヒメダカ体色原因遺伝子マーカーによる奈良県大和川水系のメダカ集団の解析. 魚類学雑誌, 58: 189 – 193, 2011.

Nakao R. and T. Kitagawa: Differences in the behavior and ecology of wild type medaka (*Oryzias latipes*) and and orange red commercial variety (himedaka). Journal of Experimental Zoology, 323A: 349 – 358, 2015.

Nakao, R., Y. Iguchi, N. Koyama, K. Nakai and T. Kitagawa: Current status of genetic disturbances in wild medaka populations (*Oryzias latipes* species complex) in Japan. Ichthyological Research, 64: 116 – 119, 2017a.

Nakao R., Y. Kano, Y. Iguchi and T. Kitagawa: Genetic disturbance in wild Minami-medaka populations in the Kyushu region, Japan. International Journal of Biological Sciences, 9: 71 – 77, 2017b.

中尾遼平, 入口友香, 周翔瀛, 上出櫻子, 北川忠生, 小林牧人: 東京都野川のミナミメダカにおける外来遺伝子の河川内分布現況. 魚類学雑誌, 64: 131 – 138, 2017.

酒泉満: 遺伝学的にみたメダカの種と種内変異. *In*: メダカの生物学 (江上信雄, 山上健次郎, 嶋昭紘 (編)), 東京大学出版会, 東京, 1990, pp. 143 – 161.

Takehana, Y., N. Nagai, M. Matsuda, K. Tsuchiya and M. Sakaizumi: Geographic variation and diversity of the cytochrome b gene in Japanese wild populations of medaka, *Oryzias latipes*. Zoological Science, 20: 1279 – 1291, 2003.

渡辺勝敏, 西田睦. 淡水魚類. *In*: 保全遺伝学 (小池裕子, 松井正文 (編)), 東京大学出版会, 東京, 2003, pp. 227 – 240.

横田弘文, 桑原なつき, 中野瑛子, 江口さやか: 武庫川水系に生息する野生メダカの遺伝子型分布およびヒメダカ遺伝子の移入実態. 地域自然史と保全, 36: 53 – 58, 2014.

第6章

野生メダカ保護への提言

1. はじめに

日本人にとってメダカほど身近でなじみのある魚はないだろう。日本の国魚にしてもいいくらいの魚である。ところが野生メダカはさまざまな人間活動により各地で急減し，絶滅危惧種に指定されるまでになっている。減少のスピードは加速するばかりで，実効性の高い保護対策を講じることが急務となっている。ここでは原点に立ち返りメダカとは何かを問い直し，野生メダカの保護対策について提言したい。

2. メダカとは何か

2. 1. 系統と分類

日本の淡水魚といえばコイ科やドジョウ科の魚を思い浮かべるだろう。メダカも淡水魚ではあるが，その親類縁者は海域に多い。メダカがかなりの耐塩性を備えることは，この魚が海起源であることを示唆する。雌が自身の卵を纏絡糸(てんらくし)で水草に絡ませる特徴は同じダツ目のダツ，トビウオ，サンマなどにも共通する。2016年時点で，メダカ属*Oryzias*に属する種は東南アジアを中心に34種が知られている(Nelson *et al*., 2016)。加えて，つい最近でもインドネシアのスラウェシ島から新種*O. dopingdopingensis*が報告されたばかりである(Mandagi *et al*., 2018)。この新種は汽水種で，雌は日本の野生メダカのように卵を腹部にぶら下げることもなく，特別なケアもしないという。どうやら原始的な種で，海と淡水をつなぐミッシング・リンク的な存在のようである。

日本の野生メダカといえば，近年，おもに西日本と中部東日本の太平洋側に生息するミナミメダカ*O. latipes*と，中部・東日本の日本海側に生息するキタノメダカ*O. sakaizumii*の2種に分けられた(Asai *et al*., 2011, **口絵写真1**)。

※1　北九州市との混同を避けるため北部九州型と表記されることもある。ここでは優先権を尊重し，酒泉（1987）に従った。

ミナミメダカは地理的分化が著しく，東日本型，東瀬戸内型，山陰型，西瀬戸内型，北九州型※1，有明型，薩摩型，大隅型，および琉球型の9地方型に細分される（Sakaizumi, 1984；Sakaizumi *et al*., 1983）。このようなミナミメダカの地方型については将来的にはそれぞれを亜種に格付けるべきであろうと考える。

2. 2. 3種類のメダカ

ひと口にメダカといっても，自然保護に関わる人，観賞魚愛好家，発生学や遺伝学を専門とする学者がそれぞれ思い描いているメダカは明らかに異なる。そのことは，野生メダカの保護を進めるうえで大きな障壁となっている。そのため「野生メダカ」，「観賞魚メダカ」，「実験魚メダカ」といった3種類の違いを徹底的に認識させることが不可欠である。厳密にいえば，もとよりメダカといったときは野生メダカに限るべきであり，日本ではミナミメダカとキタノメダカのことを指す。

メダカはさまざまな目的に応じて改良され，種々の飼育品種が作出されている。その代表格は黄体色変異のヒメダカ（**口絵写真2**）である。加えて近年，観賞魚ブームで需要が高まるなか，“ヒカリメダカ”，“楊貴妃メダカ”，“パンダメダカ”などの新品種が次々とペットショップの店頭に現れている。メダカは可憐で飼育も容易，条件がよければ家庭で繁殖させることだってできる。だから観賞魚メダカは多くの人を惹きつけてやまないのだろう。しかし，よくよく考えてみると観賞魚メダカと野生メダカを混同することは，身近なもので例えてみるならば，たくさんの品種が作出されているイヌを愛護することで野生のオオカミを保護しているように錯覚するのと同じである。

メダカは古くから実験魚として利用されてきた（山本, 1975）。その理由として扱いが容易で，卵も大きくて操作しやすい，おまけに世代交代が速いということがあげられる。すでにゲノムの90％は解読され，性の決定様式や体軸を中心とした背腹の極性の決定様式など，脊椎動物の形態形成の仕組みを理解するために重要な情報がメダカから得られている。しかし，実験動物としてメダカを扱う研究者は，概して生物多様性に対する認識が薄いように感じられる。そのため，彼らが解明した科学的知見は生命科学や医学の発展に寄与することがあっても，野生メダカそのものの保護にフィードバックされた事例をあまり聞かない。

3. 保護の3本の柱

野生メダカが絶滅危惧種に指定されている今日，野生メダカを積極的に守る段階に来ている。一般に，希少種を守ることを保護(Protection)と呼ぶ。保護の方法には，保護すべき生物がいる野外の生息地をそのまま保つ生息域内保全(*In situ* Conservation)と，その生物を研究施設に隔離した状態で系統を維持する生息域外保存(*Ex situ* Preservation)がある。保護を実施するためには，その前提としてその生物の価値を社会的に宣伝(社会的啓発)しておかなければならない。したがって，野生メダカを保護することにおいて，生息域内保全，生息域外保存，社会的啓発はいわば3本の柱である(細谷，2002；Hosoya, 2008)(図6. 1)。野生メダカの保護を着実に進めるためには，どの柱も欠かすことはできないし，それぞれが有機的なつながりをもつことが必要である。

3. 1. 生息域内保全

生息域内保全とは，ある自然分布域内に生息する絶滅危惧種をそのままの状態で保護することを指す。野生メダカは水田，小川，ため池など，水田周りに多く，これが野生メダカが水田のシンボルフィッシュと呼ばれるゆえんである。野生メダカを生息域内保全するためには，本来であれば人為活動の負の影響を遮断するために，フィッシュ・サンクチュアリー※2の中に集団(個体群)を隔離することが望ましい。しかし，野生メダカは保全されないまま，今や開放されている生息場所に偏在していることが多い。

※2　魚類の保全策のひとつで，特定の水域を区切って永続的に人為的影響を受けないようにした生息場のことをいう。水辺の生物多様性保全のみならず水産資源保護にも役立つと考えられている。

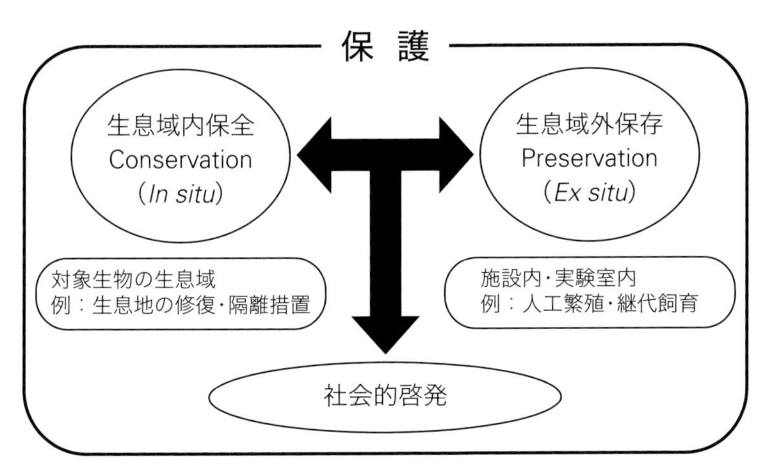

図6. 1　生物保護の方法
細谷(2002)，Hosoya(2008)より作成。

圃場整備，過度の農薬散布，ブラックバス（オオクチバス*Micropterus salmoides*，コクチバス*M. dolomieu*），ブルーギル*Lepomis macrochirus*，カダヤシ*Gambusia affinis*などの外来魚による食害や競合，無秩序に放流されたヒメダカとの交雑など，人為的影響を直接受けやすいのが現状である。野生メダカを保全するためには，地方自治体で地域固有の集団に対して何らかの格付けを行い，法的規制をかける必要がある。現状では，野生メダカは各地方自治体のレッドリストに掲載されているが，罰則を科した法令は見当たらない。

3. 2. 生息域外保存

生息域外保存とは絶滅危惧種を，動物園，水族館，研究機関などに収容して系統を維持させることを指し，いわば“ノアの方舟”の役割を担う。これに対する用語は国際的に混乱している。例えば，国際自然保護連合（IUCN）では一貫して「生息域外保全」“*Ex situ* Conservation”という用語をあてているが，世界資源研究所や国連環境計画は「生息域外“保存”」“*Ex situ* Preservation”をあてている（WRI *et al.*, 1992）。しかし，「生息域外保全」について明確な定義は示されていない。情けないことに，環境省は「生息域外保全」という用語をそのまま踏襲している。その理由として，わが国の希少生物の保護施策にあたり，用語に対する生態学者の過度の干渉があったことは否めない。たしかに「生息域外“保全”」は言葉として「生息域内保全」と対になるが，概念として現実的ではない。なぜなら，生息域内から抽出できる特性は常に一部であり，精子の凍結保存で示されるように，その系統を維持する行為は“保存”そのものだからである（Frankel and Soule, 1982）。

実験魚メダカについては，変異体などの各種系統は名古屋大学をはじめさまざまな研究施設で維持されている。地方集団を単位とした野生メダカの生息域外保存については，新潟大学理学部，東京大学新領域創生科学研究科，基礎生物学研究所バイオリソース研究室などが全国の集団の保存を行っているが，同時にそれぞれの地域単位での保存活動も各地で始まっている。

日本の野生メダカは地域に適応した遺伝的性質をもつように分化している。生息域外保存の一般的方法は，継代飼育による系統の保存である。しかし，継代飼育を長期間行っていると，飼育環境そのものへの適応が進み，本来の遺伝的性質にずれを生じる可能性がある。実際，ある種の野生魚を飼育していると，当初，野生魚は人影を見ると逃げていき，餌をやっても人影が見えている間は食べないが，5世代くらい継代飼育していると，人影

を見ると逆に餌を求めて寄ってくるようになるという(小林, 私信)。これは明らかに飼育下における人為淘汰によるもので，原産地の自然環境から飼育環境への適応が起こっている証拠である。さらに，繁殖に関わる親の数が少ないと子どもの遺伝的多様性が小さくなることが知られている。継代飼育されたメダカが20世代後には完全にクローン集団になってしまった事例さえある(Arii *et al.*, 1987)。このように，長期間にわたり継代飼育されると，野生集団とは遺伝的に異なる集団へ変質するリスクを抱えている。寿命が短く世代交代のスピードが速いメダカではなおさらその傾向が表れやすい。生息域外保存の目標は，いかに野生集団がもつ遺伝的特性を忠実に維持するかにある。

3. 3. 社会的啓発

メダカの保護対象は，いうまでもなく野生メダカである。野生メダカを保全するためには，自然分布する集団が自然繁殖できる環境を整えることが筋である。水産立国であるわが国は，これまで魚類の種苗放流をお家芸としてきた。その延長として，環境教育の名のもとに，子どもたちにヒメダカを魚がいなくなった水域に放流させるなどの行為があり，それが微笑ましいニュースとして報道されることもあった。他地域の野生メダカや由来の明らかでない飼育品種を安易に移殖することは，生物多様性保護の理念から明らかに外れる。なぜなら，異質の生物要素が加われば生態系の安定性に何らかの影響を及ぼすであろうし，仮に在来の野生メダカ集団と交雑すれば遺伝的撹乱は避けられないからである(Nakao *et al.*, 2017)。そうなれば，外来遺伝子を取り除くことはほぼ不可能になる。

残念ながらメダカに対する一般市民の認識は甘く，野生メダカの危機的状況を理解している人は少ない。オイカワやモツゴなどコイ科の普通にみられる種の稚魚を，あるいは特定外来生物のカダヤシをメダカと誤認している場合も多い。自然保護を教育目標としているはずの文部科学省検定済の教科書でも，野生メダカの説明は十分とはいえない。今，求められるべきは，一般市民に日本の野生メダカの固有性と多様性を正確に理解してもらうことに尽きる。一般市民による野生メダカの保全活動事例は多いとはいえないが，神奈川県では「藤沢メダカの学校をつくる会」や「小田原メダカを守る会」があり，地元在来のミナミメダカを積極的に保全している(渡部, 2000)。名古屋市にある東山動植物園世界のメダカ館はメダカに特化した水族館として注目に値する。これら保護活動の輪が広がることを願うばかりである。

※3　生命科学と情報科学の融合した新たな学問分野で，コンピューターを駆使した解析から遺伝子の組成や役割について生命現象を解き明かしていく。

近年，野生生物への興味が低下し，モデル動物や遺伝子についてはわかるが自然についてはわからない，という生物学者が増えている。極端な例としては，ある動物種の遺伝子の解析は行うが，その動物を実際には見たことがない，というバイオインフォマティクス（生命情報科学）※3の研究者がいる。分子進化を考えるにはその動物の生態とのすり合わせが必須である。フィールドを知らないメダカの研究者が多いことは自然への興味の低下の表れかもしれない。なぜなら生態学は生命科学に比べれば確かに泥くさい側面がある。高校の教科書「生物」の目次を見ても，常に生命科学の分野が生態・進化・環境の分野より前出している。受験を視野に入れた授業プランではしばしば生態・進化・環境の分野が後回しにされるという。ガラス水槽内でのヒメダカは，野生メダカが行わない異常行動をとることがあるが，実験系ではそれはそういうものとして水槽内での正常な行動として扱われてしまう。野生メダカを守るためには，彼らのフィールドでの生活環を把握することが前提となる。それを解明するにはフィールドワーカーであるメダカの研究者の養成が望まれる。そのことは生物多様性を守ることにも通じるはずである。

4. 保護に向けての課題

野生メダカを減少させている要因には圃場整備，過度の農薬散布，ブラックバス，ブルーギル，カダヤシなどの侵略的国外外来魚による食害・競合などが考えられるが，ここではヒメダカをはじめとする飼育品種の野外放流の背景を探り，提言したい。

4. 1. 第3の外来魚

一般に，外来魚といえばブラックバスやブルーギルのような外国由来の魚類を思い浮かべる。これらは国外外来魚と呼ばれる。しかし，実際には外来魚と在来魚の区別は国境の内外ではなく，個々の種の自然分布域の内外で決めるべきである。このことはゲンゴロウブナのように日本在来の魚類であっても従来の分布域を超えて他地域に移殖されれば外来魚に転じることを意味し，これらは国内外来魚と呼ばれる（細谷, 2006）。国外外来魚も国内外来魚も野生種であることに変わりがない。一方，わが国では，河川・湖沼にヤマトゴイ，ニシキゴイ，キンギョのような交雑または選抜により作出された飼育品種がさまざまな目的で無秩序に放流されてきた経緯がある。これらの自然環境への影響は小さくないと危惧されているが，この飼育品種の扱いは依然あいまいなままである。飼育品種は潜在的に外来種と

しての危険性を内在するので，ひとたび野外に放出されれば国外外来魚，国内外来魚に次ぐいわば「第3の外来魚」に位置づけられる。仮に，飼育していたヒメダカが野外に放流されたり，実験魚メダカとして管理されていたものが逃げ出したりすることになれば，その時点で第3の外来魚とみなされる (Nakao *et al.*, 2017)。

最近，ゲノム編集による遺伝子操作技術 (CRISPR) が格段に向上したおかげで，望みどおりの品種を作出することが可能となっている。この技術は偶然まかせの従来の方法とは異なり，ピンポイントで遺伝子を操作できる点で格段に優れている。おまけに ハーバード大学のケビン・エスベルト (Kevin Esvelt) 博士のグループは，遺伝子ドライヴと呼ばれる方法を確立し，ターゲットとなる遺伝子を次世代以降優先的に伝搬させることを可能にした (Oye *et al.*, 2014)。これらの技術を組み合わせて，個体から集団レベルへと，目的の系統を簡単に創造することができるようになった。この技術の進展は生物の進化を自在に操れることを意味し，まさに人類は神の領域に達したといえる (Harari, 2016)。このように人の都合にあわせて作出された実験魚メダカや観賞魚メダカが，野生メダカの集団に紛れ込めば交雑することは必至で，長い年月をかけて地域の環境に適応してきた野生メダカのゲノムは一瞬にして撹乱され，やがては消滅していくだろう。それは単に生物多様性にとどまらず，遺伝資源[※4]を保全する意味においても避けなければならない。

※4　野生生物や農畜産物が潜在的にもつ特性。これらは遺伝的支配を受けており，ジーンバンクの対象となっている。近年，カブトガニやゴカイの血液が医薬品開発に利用されている。

4. 2. 名称の整理と提言

野生メダカにとって最大の危機は，他地域の野生メダカであろうと飼育品種であろうと，もともといなかった個体を移殖することである。野生メダカへの認識不足やヒメダカの無秩序な放流のもとになっている原因は，“メダカ”という概念があいまいなことにある。例えば，小学校の理科教材として用いられているヒメダカには，教科書では“メダカ”という名称が用いられている。ヒメダカと野生メダカを区別しない素地は，まさに教育現場にある。また，観賞魚界では，飼育品種であるクロメダカと野生メダカの区別はかならずしもなされていない。さらに，遺伝子研究の分野では一般にヒメダカ系統が用いられているが，一部の遺伝子機能を失った変異体や改変された遺伝子操作魚に対して，もともとの材料となったヒメダカを野生型 (wild type) と呼ぶ。複雑な遺伝子操作の結果大きく改造された実験魚のメダカに比べれば，ヒメダカは色彩変異品種であるが，ゲノムの原型をおおむね保持しているので野生型と判断されるからである。それでは同

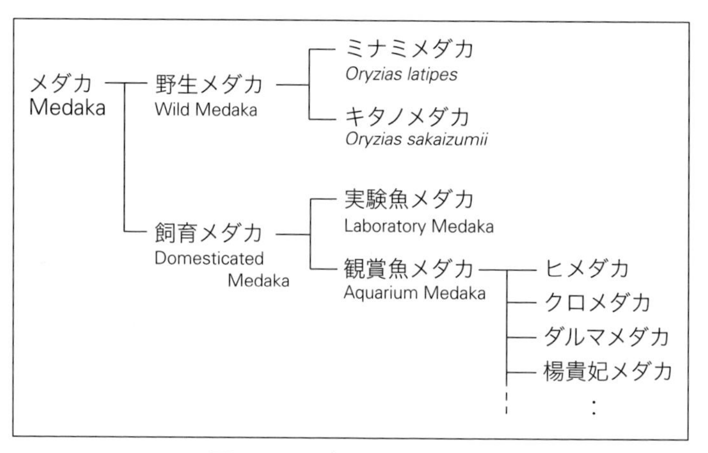

図6. 2 メダカの呼称の整理

様に，遺伝学者はイヌとオオカミを区別していないのであろうか？　色彩の変異体の比較解析において，もともと変異体であるヒメダカを“wild type”としている慣行では，実質的な無理が生じている。実験系統を用いる場合は，本来は対照魚（control）と呼ぶべきであろう。

このような混乱を避けるためにはメダカの多様性と変異性を整理し，それらを構成する生物種・品種に必要な名称をきちんと与えなければならない。

特に野生メダカと飼育品種については，研究者などの専門家だけではなく，一般市民も区別して呼び分けることが強く望まれる。そこで本書では以下のように整理する（図6. 2）。

日本の野生メダカ“Wild Medaka”，すなわちミナミメダカとキタノメダカには，基本的に国際動物命名規約（ICZN, 1999）に従い学名が与えられ，それに対応する和名が付けられている（瀬能, 2013）。さらにミナミメダカの地方型については，分類学的にはあいまいさは残るものの，地方版レッドデータブックにみられるように，すでに保護すべき地域個体群（LP：Local Population）としてコンセンサスが得られている。

一方，飼育品種については野生メダカと明確に識別するために，新たに「飼育メダカ」[※5]“Domesticated Medaka”を提唱する。さらに飼育メダカを「実験魚メダカ」“Laboratory Medaka”と「観賞魚メダカ」“Aquarium Medaka”に区分する。これらの分類が徹底されるならば，もはや野生メダカを「クロメダカ」や「野生型（wild type）と呼ばれるヒメダカ」と混同しなくなるはずである。

近年，飼育品種とそのもとになった原種の学名をそれぞれ分ける提案が

※5　筆者らは当初，細谷ら（2017）において，「イエメダカ」を提唱したが，魚類学会のシンポジウム（小林と北川，2019）の議論の末，「飼育メダカ」に変更した。

なされている(Gentry *et al*., 2003)。例えば，長年，東アジアのフナに付けられてきた学名は*Carrasius auratus*であるがタイプ標本がキンギョであるため，野生種にはジュニア・シノニムの*C. gibelio*を与えるべきであると主張されている。他にロバ，ウマ，ヤギ，カイコでも同様に代替案が示されている。*Oryzias latipes*は，シーボルトが収集した野生のミナミメダカに基づいて，オランダ・ライデン博物館の学芸員テミンクとシュレーゲルによって命名されている(Temminck and Schlegel, 1846)。「飼育メダカ」はそれをもとに後から作出されているので，学名の先取権は野生のミナミメダカにある。したがって，この提案がそのまま「飼育メダカ」に適用されるのであれば，「飼育メダカ」には現在のところ学名がないことになる。

「飼育メダカ」に新たな学名を付けることは，系統分類学の立場からすれば好ましいことではない。学名がない方が，むしろ*Oryzias latipes*と実態が異なる人工的生物集団であることがより強調されるだろう。しかし，学名に変わる合理的なコード名(例えばDM，LM，AMなど：それぞれDomesticated Medaka, Laboratory Medaka, Aquarium Medakaの略号)を考案しない限り，現在の実験生物学の領域では野生メダカを別格とする考え方を受け入れるのが難しいと想像する。

謝辞

本章をまとめるにあたり，近畿大学生物機能科学科の加藤容子教授および新潟大学の酒泉満名誉教授には，さまざまにご助言いただいた。また，神奈川県立生命の星・地球博物館の瀬能宏博士，京都産業大学附属高校の朝井俊亘博士，近畿大学環境管理学科の森宗智彦博士には写真撮影ならびに提供，資料作成にご協力いただいた。あわせて感謝申し上げる。

細谷和海・小林牧人・北川忠生

コラム10　キタノメダカのタイプ産地はなぜ中池見湿地なのか？

一般に，動物が新種と認められるためには，国際動物命名規約と呼ばれるルールに従い，権威ある科学雑誌に英文で記載しなければならない。近年，日本の野生メダカは南北2種に分けられ，それぞれミナミメダカとキタノメダカという和名が与えられた。そこまで行きつけたのは，長年，日本のメダカの集団遺伝学研究に心血を注いでこられてきた酒泉満博士の成果に負うところが大きい。新種の学名には，属名＋種小名をラテン語で表記するのが原則である。ミナミメダカにはすでにシーボルト標本に基づいて *Oryzias latipes* という学名が付けられていた。一方，過去に該当するものがなかったキタノメダカは新種であるということになった（図6. 3）。そこで，近畿大学チームはAsai *et al.* (2011) において，福井県敦賀市にある中池見（なかいけみ）湿地から得られた個体に基づいて新種記載を行い，キタノメダカに *Oryzias sakaizumii* という学名を付けた。この学名は，*Oryzias* 属に所属する魚で，酒泉先生に敬意を表する，という意味をもつ。*sakaizumii* の最後の *i* は，誰々に対してという意味のラテン語の接尾辞である。

中池見湿地は泥炭層の上に成立した湿地で，2012年にラムサール条約登録湿地に指定されている（図6. 4）。そこには希少野生生物が多くみられ，「中池見ねっと」や「ウエットランド中池見」をはじめとする市民ボランティア団体によって保全されている。キタノメダカのタイプ産地（模式産地）としてこの湿地が選定された大きな理由でもある。新種記載には，記載のもととなった標本をタイプ標本に指定することが求められる。しかし，標本ビンに収められた個体からすべての生物学的情報を引き出すのには限りがある。分類学では，タイプ産地に現存する集団をトポタイプ（現地模式標本）と呼ぶ。トポタイプは学名の基準にはなり得ないが，生理，生態，行動，遺伝など生体からしか得られない情報を補う意味で他地域の個体より重要である。逆に，中池見湿地がタイプ産地に指定されたことで，中池見湿地の生物多様性の保全を担う人へのモチベーションを高めることにつながる。キタノメダカは中池見湿地を代表するシンボルといえ，本種が守られることによって，湿地にすむ多くの在来生物も守られるはずである。

しかし中池見湿地の将来は決して明るくはない。中池見湿地は現在，敦賀市によって維持管理されている。ところが，中池見湿地の維持管理に必要な財源は10年以内に底をつくと見込まれている。そこで敦賀市は財源の不足を湿地管理の緩和によって乗りきろうとしているが，監視の目が届かなくなればヒメダカやブラックバスなどの外来魚がひそかに放たれる可能

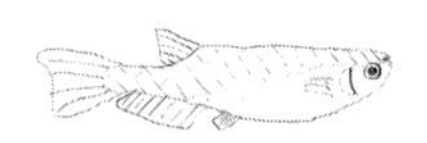

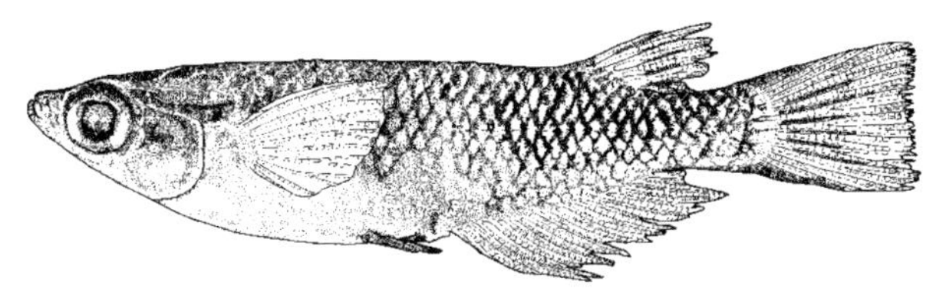

図6. 3 キタノメダカ *Oryzias sakaizumii* のホロタイプ（正模式標本）※1
描画で示された（Asai *et al.*, 2011より転載）。

図6. 4 ラムサール条約登録湿地，中池見湿地（福井県敦賀市）

性が高くなり，結果として取り返しのつかない事態を招くだろう。加えて，北陸新幹線の線路が中池見湿地をかすめることが決定し，着々とトンネル掘削工事が進められている。工事に伴う汚染水の漏出や地下水脈の変更による負の影響が，中池見湿地の自然に及ぼさないことを願うばかりである。

細谷和海

※1　学名を担う唯一の標本のこと。

コラム11　シーボルトがオランダに持ち帰ったメダカ

シーボルトはオランダの商館医(図6. 5)で，江戸時代に鎖国していたわが国に唯一西洋の科学的知見をもたらしたことはよく知られている。その見返りに，当時未知の国であった日本から民具，農具，嗜好品，美術品など日本の文化を象徴するありとあらゆるものを数多くオランダへ搬送している。彼は博物学にも造詣(ぞうけい)が深く，あらゆる機会を利用して動植物の標本を精力的に収集した。これらの資料と標本は，現在，オランダにあるナチュラリス自然史博物館(旧ライデン自然史博物館)に厳重に保管されている。シーボルトのコレクションはまさに江戸時代後期のタイムカプセルといえ，日本人にとっては貴重な財産でもある。

シーボルトは数多くの魚類も収集の対象にしていた。日本で入手した魚類はヤシから醸造された焼酎の一種アラック酒に漬け込まれ，出島からバ

図6. 5　イタリア人絵師，キヨソネが描いた晩年のシーボルト
長崎市シーボルト記念館より許可を得て掲載。

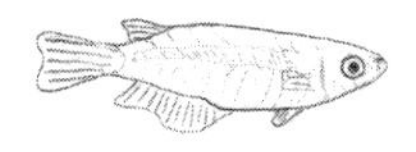

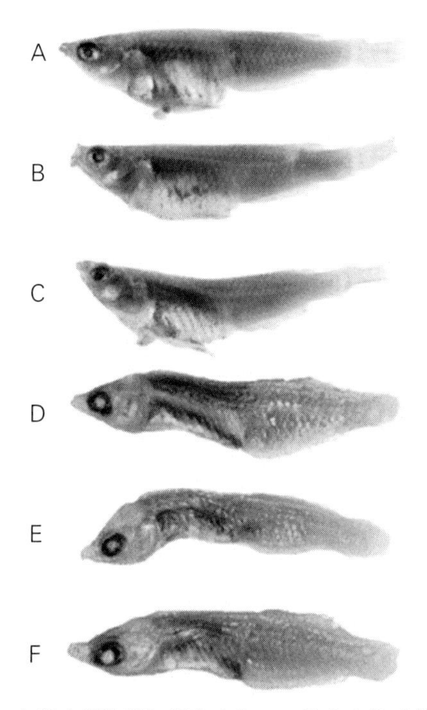

図6. 6　ナチュラリス自然史博物館に保存されているミナミメダカの模式標本
A：レクトタイプ（選定模式標本）※1，B～F：パラレクトタイプ※2（朝井俊亘博士撮影）。

タビア（現ジャカルタ）経由でオランダに渡っている。その後，自然史博物館において学芸員であったテミンクとシュレーゲルによって分類学的に精査され，「日本動物誌　魚類編」として出版されている。この中には6個体のメダカも含まれ，分類学的に命名された（図6. 6）。その後，研究が進み，現在ではミナミメダカ *Oryzias latipes*（Temminck and Schlegel, 1846）として表記されている。この学名は，「稲の周りにいる平べったい足（臀鰭）をもった生き物」の意である。事実，原記載では，「夏場の流れが緩やかな水田に普通にたくさん見られる」と記述されている。採集地は，シーボルトらオランダ人が滞在した長崎周辺から江戸参府の道程で立ち寄った佐賀県嬉野（うれしの）市や武雄市周辺が最も有力である。おそらくこれらのミナミメダカは有明型か西九州亜群集団（與小田，2016）に相当するものと思われる。残念なことに，約200年前にはどこにでもいた野生メダカは，今では絶滅危惧種に指定されてしまった。はたして，シーボルトが生きていればこの現状をどうみるであろうか。

細谷和海

※1　新種記載のもとになった複数のシンタイプ（等価模式標本）のなかから，後年，学名を担うために選定された唯一の標本のことをいう。ホロタイプと同じ価値をもつ。

※2　シンタイプのうち，学名を担わない残りの標本のことをいう。

コラム12 ミナミメダカとキタノメダカはなぜ別種なのか？

長年1種と考えられていた野生メダカがミナミメダカ*Oryzias latipes*とキタノメダカ*Oryzias sakaizumii*の2種に分けられた(Asai *et al*., 2011)。両種は形態が酷似するため，依然，2種に分けることに異論を唱える研究者も存在する(尾田, 2016)。しかし，我々が野生メダカを2種に分けたのにはそれなりの理由がある。そもそも魚類における種はどのように定義されるのであろうか。

生物学的種概念

生物種を定義する考え方には22もの学説があるといわれている(Mayden, 1997)。それぞれの学説は，細菌からヒトに至るまで分類群固有の特性にあわせた概念の違い，遺伝子構成を変えない栄養体生殖や無性生殖に対する解釈の違い，あるいは系統発生と遺伝的類似性のどちらを重視するかによって定義が変わり，さまざまである。そのうち魚類の種の定義においては，進化学の泰斗(たいと)アメリカのエルンスト・メイヤー博士(Ernst Walter Mayr；マイアと表記されることもある)が提唱した生物学的種概念(Biological Species Concept)が一般的である(マイア, 1994；Mayr, 2000)。生物学的種概念では「種とは互いに潜在的または実質的に交配可能な個体の野生集団(個体群)のことで，他の同様な集団とは生殖的に隔離される」と定義されている。生物種を定義するのに，最初に生殖的隔離に言及したのはDobzhansky(1935)である。生殖的隔離とは他の集団との間で遺伝子の受け渡しや交換がなく，集団独自の遺伝的構成を維持する機構のことをいう。これには，ヒトとチンパンジーを分けるように，繁殖行動や産卵期の違いによって性的交流が妨げられる受精前(接合前)隔離，およびウマとロバの雑種ラバで知られるように，受精や接合をしても子孫が不妊(不稔)になる受精後(接合後)隔離がある。メイヤー博士はこの考え方をさらに発展させ，生物種は生殖的隔離を通じてまとまりのある「遺伝的単位」であると同時に，固有の「生態的単位」として存在しているとした(Mayr and Ashlock, 1991)。この2つの単位は生物種を評価するためのモノサシといえよう。

何を検証すべきか

一般に，近縁関係にある生物2種を実験室に持ち帰り，人工交配などにより子孫を残さないことが確認できれば，これらは別種と断言できる。逆に，人為的に交配した結果，子孫を残すことが明らかになったからといってこの2種が同種であるとはいい切れない。なぜなら，生物種は自然の環境条件下でこそ独自の集団を維持しているからで，それらの条件がなければ容易に近縁種と交雑するだろう。実例として，オオセグロカモメとウミネコは野外では交雑しないが，ケージ内で両者を飼育すると交雑することが知られている。同様に，野生メダカがはたして2種に分けられるか否かを生物学的種概念に照らし合わせるためには，野外において自然現象のもとで生殖的隔離を検証しなければならない。このことは，野生集団がその土地々々の固有の環境に長い時間をかけて適応しているわけだから，野外といっても自然分布域内で確かめるべきである。このように生殖的隔離の判定の対象は個体ではなく繁殖集団，メイヤー博士のいうところのまとまりのある「遺伝的な単位」，すなわち野生集団である。

野生メダカへの適用

ミナミメダカは東北地方の太平洋岸以南および兵庫県の日本海側以西の日本列島に分布する（図6. 7）。キタノメダカは京都府以東の北陸・東北地方の日本海側に分布する（Sakaizumi, 1984；第3章参照）。両者は明確に分布域を分けているが，京都府を日本海に向けて北流する由良川では，上流域にミナミメダカが，下流域にキタノメダカがそれぞれ分布する。ミナミメダカは，瀬戸内海に流れ出ていた加古川の支流が，河川争奪※1や溢流（いつりゅう）※2といった地形的変化によって由良川に取り込まれた結果，所属する水系を変えた。キタノメダカはいわば分布の西限を占めている。由良川は歴史的に頻繁に氾濫することで知られ，2013年に台風18号がもたらした大洪水（9.16水害）は記憶に新しい。このような洪水は同一河川に生息する魚類相の混合を促すはずである。

不思議なことに，由良川では分布域が互いに接する一部の混在水域において交雑個体は認められるものの，ミナミメダカとキタノメダカの個体群はそれぞれ独自の遺伝的集団を維持し続けている（Kume and Hosoya, 2010；Iguchi *et al*., 2018）。これは，両者の間に何らかの生殖的隔離機構が存在することを示唆している。その証拠のひとつとして，外部・内部を問わず形態の分化が認められていることがあげられる（**口絵写真1**参照）。さらに同一条件下で由良川産の両者の集団としての行動を比較したところ，ミナミメダカが個体の向きがときとしてバラバラになるのに対して，キタノメダカは刺激に反応しやすくたえず同じ方向を向いた「群れ」を形成することも明らかにされている（魚野ら, 2011）。これらの情報を考慮するなら

※1　河川の上流域が断層の形成により隣接する別の河川にすげ替えられる現象。兵庫県丹波市には本州でもっとも低い分水界の「水別れ」があり，そこを境に河川は瀬戸内海と日本海に向けて別々に流れていた。コラム6も参照。

※2　洪水に伴う氾濫により盆地が湖を形成し，近接する2つの河川がつながる現象。京都府福知山盆地は20万年前には福知山湖として存在し，加古川と竹田川（由良川水系）は連接した。

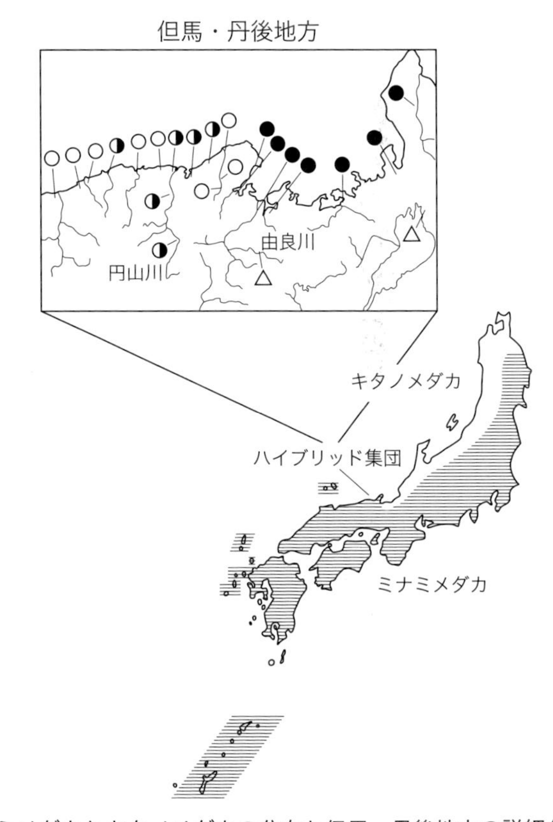

図6. 7　ミナミメダカとキタノメダカの分布と但馬・丹後地方の詳細分布（拡大部）
○：ミナミメダカ山陰型，△：ミナミメダカ東瀬戸内型，●：キタノメダカ，◑：ハイブリッド集団。酒泉（1987）を改変。

ば，ミナミメダカとキタノメダカはそれぞれが「遺伝的単位」と「生態的単位」として存在しているように思える。

交雑個体群をどうみるか

山陰東部の但馬・丹後地方にはミナミメダカとキタノメダカの交雑個体に由来する野生集団が分布する（図6. 7）。これらはハイブリッド集団と呼ばれ，両者が出会ういわば境界集団といえる。たしかにこの交雑個体に由来する野生集団の存在は，一見するとミナミメダカとキタノメダカの間に生殖的隔離が成立していないことを疑わせる。種分化研究では集団の現状を把握するとともに，集団が内在する進化傾向を読み取ることが重視される。Iguchi *et al.*（2018）は，由良川においてミナミメダカとキタノメダカが上・下流で独自の遺伝的集団を維持できている理由として，両種が混在する水域ではいずれもキタノメダカのゲノムセットが保持されようとする傾向があることをあげている。同様な傾向は但馬・丹後地方のハイブリッド集団にも認められるという。原始的な脊椎動物である魚類では，交雑集団において多くの世代を重ねると，やがて各遺伝子座[※3]において片方の種だけのゲノムセットに収れんする事例が多数報告されている。この現象は世代を超えて発現する生殖的隔離の例とみなせよう。尾田(2016)によれば，但馬・丹後地方のハイブリッド集団の形成には，ミナミメダカが西方より海岸沿いにキタノメダカの分布域に侵入してきたということが大きく関係しているという。交雑個体に由来するこの集団では，ミナミメダカからキタノメダカにもたらされた遺伝子が各遺伝子座においてランダムに分布せず各領域で特定の遺伝子に固定されていることから，それなりに古い時期に形成されたものと考えられる。この独自の集団ともいえるハイブリッド集団を境に，但馬・丹後地方からミナミメダカの東進は抑えられている。

ミナミメダカとキタノメダカは河川の上・下流，平野部の東西で交雑集団を形成しているにもかかわらず，それらを超えて他方へ遺伝子浸透[※4]することがない。Kunz(2012)は異なる2つの近縁集団が接触して交雑集団を形成しても，種全体に遺伝子浸透が認められなければ別種と考えるべきであると説いている。この考え方は，まさに野生メダカについてミナミメダカとキタノメダカを別種とみなす結論を支持している。

※3　特定の形質を支配する遺伝子は，染色体の中でランダムに配置されているわけではなく，存在する場所が決められている。例えばヒトのABO式血液型を支配する対立遺伝子は第9染色体の末端にある。

※4　近縁種が交雑帯を形成している場合，淘汰にかからないような遺伝子は交雑帯を越えて他方へ移動することがある。遺伝子浸透の有無は生殖的隔離の成立を判定する目安とされる。

残された課題

野生メダカがミナミメダカとキタノメダカに進化して久しく，その分岐年代は400万～1,800万年前と見積もられている。その経過時間は種分化するに足る十分な長さである。このくらいの歴史をもつのなら，それぞれの生態的特性の違いがもっと大きくてもよさそうである。野生メダカの生態に関する情報は，実験室内のデータの蓄積に比べれば絶対的に不足している。ミナミメダカとキタノメダカが真に別種であることをさらに明確にするためには，メイヤーの生物学的種概念が求める「生態的単位」をそれぞれ確定する必要がある。そのため，メダカ研究者は特定の地域で継代飼育（生息域外保存）された個体ではなく，個々の地域に生息する個体や集団をもとに，野外での情報収集に努めることが強く望まれる。

細谷和海，小林牧人，北川忠生

● 引用文献

Arii, N., K. Namai, F. Gomi and T. Nakazawa: Cryoprotection of medaka embryos during development. Zoological Science, 4: 813－818, 1987.

Asai, T., H. Senou and K. Hosoya: *Oryzias sakaizumii*, a new ricefish from northern Japan (Teleostei: Adrianichthydae) . Ichthyological Exploration of Freshwaters, 22: 289－299, 2011.

Dobzhansky, T: A critique of the species concept in biology. Philosophy of Science, 2: 344－355, 1935.

Frankel, O. H. and M. E. Soule (三菱総合研究所 (監訳)) : 遺伝資源–種の保全と進化–. 家の光協会, 東京, 1982, 404 pp.

Gentry, A., J. Clutton-Brock and C. P. Groves: The naming of wild animal species and their domestic derivatives. Journal of Archaeological Science, 31: 645－651, 2003.

Harari, Y. N: Homo Deus- A brief history of tomorrow. Vintage, London, 2016, 513 pp.

細谷和海: 日本産希少淡水魚の現状と保護対策. 遺伝, 56 (6) : 59－65, 2002.

細谷和海: ブラックバスはなぜ悪いのか. *In*: ブラックバスを退治する (細谷和海, 高橋清孝 (編)) , 恒星社厚生閣, 東京, 2006, pp. 3－12.

Hosoya, K : Circumstance of protection for threatened freshwater fishes in Japan. Korean Journal of Ichthyology, 20: 133－138. 2008.

細谷和海, 小林牧人, 北川忠生: 野生メダカ保護への提言. 海洋と生物, 39 (2) : 138－142, 2017.

Iguchi, Y., K. Kume and T. Kitagawa: Natural hybridization between two Japanese medaka species (*Oryzias latipes* and *Oryzias sakaizumii*) observed in the Yura River basin, Kyoto, Japan. Ichthyological Research, 65: 405－411, 2018.

International Commission on Zoological Nomenclature (ICZN) : International Code of Zoological Nomenclature, 4th edition. The International Trust for Zoological Nomenclature, London, 1999, xxix+306 pp.

小林牧人, 北川忠生: 2019年度日本魚類学会シンポジウム「野生メダカを守る～基礎研究から保全の提言まで」の開催報告. 魚類学雑誌, 66 (2) : 291－295, 2019.

Kume, K. and K. Hosoya: Distribution of southern and northern populations of Medaka (*Oryzias latipes*) in the Yura River drainage of Kyoto, Japan. Biogeogrphy, 12: 111－117, 2010.

Kunz, W: Do Species Exist? Principle of taxonomic classification. Wily-Blackwell, Weinheim, 2012, xxxiii+245 pp.

Mandagi, I. F., D. F. Mokodongan, R. Tanaka and K. Yamahira: A new riverine ricefish of the genus *Oryzias* (Beloniformes, Adrianichthyidae) from Malili, Central Salawesi, Indonesia. Copeia, 106 (2) : 297－304, 2018.

Mayden, R. L: A hierarchy of species concepts: the denouement in the saga of the species problem. *In*: Species: the units of biodiversity (M. F. Claride, H. A. Dawah and M. R. Wilson Eds.) . Chapman & Hall, London, 1997, pp. 381－424.

マイア, エルンスト (八杉貞夫, 新妻昭夫 (訳)) : 進化論と生物哲学–進化学者の思索. 東京化学同人, 東京, 1994, 545+60 pp.

Mayr, E.: The biological species concept. *In*: Species concept and phylogenetic theory (Q. D. Wheeler and R. Meier Eds.) . Colombia University Press. New York, 2000, pp. 17－29.

Mayr, E. and P. D. Ashlock: Principles of systematic zoology, second ed. McGraw Hill, Inc., NewYork, 1991, xvi+475 pp.

Nakao, R., Y. Iguchi, N. Koyama, K. Nakai and T. Kitagawa: Current status of genetic disturbances in wild medak populations (*Oryzias latipes* species complex) in Japan. Ichthyological Research, 64: 116－119, 2017.

Nelson, J. S., T. C. Grand and M. V. H. Wilson: Fishes of the World, 5th edition. Wiley, Hoboken, New Jersey, 2016, xli+707 pp.

尾田正二: 新種としてのキタノメダカへの異論. 環境毒性学会誌, 19 (1) : 9−17, 2016.
Oye, K. A., K. Esvelt, E. Appleton, F. Catteruccia, G. Church, T. Kuiken, B. -Y. Lightfoot, J. McNamara, A. Smidler and J. P. Collins: Biotechnology; Regulating gene drives. Science, 345 (6197) : 626−628, 2014.
Sakaizumi, M.: Rigid isolation between the northern population and the southern population of the Medaka, *Oryzias latipes*. Zoological Science, 1: 795−800, 1984.
酒泉満: メダカの分子生物地理学. *In*: 日本の淡水魚類−その分布, 変異, 種分化をめぐって (水野信彦, 後藤晃 (編)). 東海大学出版会, 東京, 1987, pp. 81−90.
Sakaizumi, M., N. Egami and K. Moriwaki: Allozymic variation and regional differentiation in wild population of the fish *Oryzias latipes*. Copeia, 1983 (2) : 311−318, 1983.
瀬能宏: メダカ科. *In*: 日本産魚類検索, 第3版 (中坊徹次 (編)), 東海大学出版会, 秦野, 2013, pp. 649−650, 1923−1927.
Temminck, C. J. and H. Schlegel: Pisces in Siebold's "Fauna Japonica". Leiden, 1846, 323 pp.
渡部かほり: メダカと環境教育「藤沢メダカの学校をつくる会」の活動から. 水環境学会誌, 23 (3) : 144−147. 2000.
魚野隆, 濱口昴雄, 久米幸毅, 細谷和海: 京都府由良川水系産メダカ南北集団の群れ行動の比較. 水環境学会誌, 34 (9) : 109−114, 2011.
WRI, IUCN and UNEP: Global biodiversity strategy. Library Congress Catalogue Card No. 92−60104, 1992, vi+244 pp.
山本時男: メダカの生物学と品種. 佑学社, 東京, 1975, 412 pp.
輿小田寛: 九州のメダカの遺伝子−九州本土のメダカの遺伝子の分布の概要 (改訂版). 福岡めだかの学校, 福岡, 2016, 32 pp.

第7章

仙台の野生メダカの保全に向けた取り組み

1. 仙台市の井土メダカ

本章では，野生メダカの保全の実例として，宮城県仙台市におけるミナミメダカ（通称井土メダカ）の保全の取り組みについて述べる。

宮城県仙台市沿岸域（現在の若林区，宮城野区）は，江戸時代から今日に至るまで，米の一大産地として知られてきた。水田地帯には広瀬川中流の愛宕堰から分水された六郷堀，七郷堀とそれらから毛細血管のように分岐した用水路網が張り巡らされ，地下に浸透した用水や自然の湧水が多くの地点で湧き出し，いずれもミナミメダカの格好のすみかとなっていたという。ところが近代に入ると，多くの用水路がコンクリート張りになるとともに，農閑期には広瀬川からの取水が絞られることで冬場は水が涸れるようになり，野生メダカがいなくなってしまった。また流域にとって水の一大供給源となっていた大小のため池や自然河川にはオオクチバス *Micropterus salmoides* やブルーギル *Lepomis macrochirus* がみられるようになり，これらの水域にいた野生メダカも捕食されたために絶滅してしまったと考えられる。筆者らが2010年に調査を行ったところ，仙台市沿岸域でまとまった野生メダカの個体群（集団）がみられたのは，若林区井土地区の田んぼの用水路のみであり，しかも生息していたのは足し合わせても百数十mあるかないかといった，ごくわずかな範囲であった（棟方ら，2014）。そこで筆者らは，ここの個体群を「井土メダカ」と呼ぶことにした。当時，この地域に井土メダカが生き残っていた最大の要因は，このあたりの用水路が素掘りの土側溝で，付近に水が自噴している井戸があり冬でも水が流れていたためと考えられた。

2011年3月11日に発生した東日本大震災（以下，震災）に伴う津波によって，東北地方の太平洋沿岸域は甚大な被害を被った。この影響は生態系に関しても深刻であり，一級河川である名取川の河口域の北岸に位置する井土地区では，襲来した津波によって河口域や海岸から海水が押し寄せ，結果，用水路の一部にわずかに残っていた井土メダカは絶滅してしまった。またこれは同時に，仙台市の沿岸域から野生メダカが姿を消したことを意味した。

一方，筆者らは震災の前年，2010年8月の調査の際に，上記の用水路から井土メダカの一部を保存のために採集し，宮城教育大学の人工飼育池などで飼育繁殖を行っていた。そこで震災後，これらの飼育個体をもとにした仙台市沿岸域の井土メダカの復元に向けた取り組みを開始した。本章では，津波で井土メダカが絶滅したメカニズムや，その後，野生個体群が復元されるまでの活動について，時系列を追って概観する。

2. 井土メダカの地域個体群絶滅のメカニズム

2011年3月11日の午後に発生した津波により，井土地区の用水路は海水に没し，野生メダカの生息環境は壊滅的なダメージを受け，この場所に生息していた井土メダカは絶滅したと考えられる。アクアマリンふくしまの

図7.1 東日本大震災で被災した仙台市沿岸域の若松区井土地区の田んぼの用水路の様子
もとの田んぼであった部分は土砂で埋まってしまったが，周囲の用水路部分にはまだ水が残っていた（2012年6月19日撮影）。

メダカが津波でも生きのびたのとは対照的であった（コラム4参照）（図7. 1）。では，津波が井土メダカを絶滅させたメカニズムとは，どのようなものだったのであろうか。

考えられるのは，井土メダカが津波で生じた水流によって生息域から押し流されたか，津波によって生息環境が何らかの負の改変を受け，それ以降生息できなくなった可能性である。そこで筆者らは，絶滅の要因を探るため，震災後に現地で生物相の調査を行った。

まず，震災以前に，この用水路にどのような生物が生息していたか簡単にみてみよう。2010年8月に実施した現地調査と聞き取り調査によると，用水路には井土メダカの他，モツゴ，フナ類，コイ，ウグイ（マルタウグイが含まれる可能性もある），ヌマチチブ，ボラ，ハゼ科の一種，ヒガシシマドジョウ，ニホンウナギ，アメリカザリガニといった生物が生息していた（図7. 2）（棟方ら, 2013）。それに対して，震災直後の2012年6月19日に実施した現地調査では，井土メダカ，モツゴ，ヒガシシマドジョウの3魚種はまったくみられなくなっており，フナ類，ヌマチチブ，ボラ，アメリカザリガニが確認された（図7. 2）。また同じ年の10月15日に行った現地調査では，同じくミナミメダカ，モツゴ，ヒガシシマドジョウはみられなかったが，フナ類，ウグイ，ハゼ科の一種，ボラ（すべて稚魚），アメリカザリガニが確認された。

震災後の用水路では井土メダカとともにモツゴの姿もみられなくなっていることから，両者は成魚の体サイズが小さいために，津波の水流によって用水路から押し流されてしまった可能性が考えられた。それに対して，津波後も生息が確認された魚類のうち，フナ類やウグイ，ボラは井土メダカやモツゴよりも成魚の体サイズが大きく遊泳能力がより高いことで，またヌマチチブやアメリカザリガニは津波の際にも底層に定位していたこと

水路で確認された魚類（抜粋）

震災前（下線は聞き取り調査でのみ確認）

メダカ，ウグイ，ボラ，コイ・フナ類，モツゴ，ドジョウ，<u>ニホンウナギ</u>，その他ハゼ類

震災直後

コイ・フナ類，ウグイ，ボラ，ヌマチチブ，その他ハゼ類

震災後～現在

コイ・フナ類，ウグイ，ボラ，その他ハゼ類

図7. 2 東日本大震災の前と後の井土地区における魚類相の変化

で，用水路から押し流されなかったと考えられた（図7. 2）。

また，上記の体サイズや遊泳層の他，魚類の塩分耐性という生理的な違いが津波後の生き残りに関係していた可能性も考えられる。例えば，純淡水魚類であるモツゴやヒガシシマドジョウは，津波で押し寄せた海水によって多くが高塩分に適応できずに斃死したが，汽水性魚類であるボラや，ウグイの中でも降海することもあるマルタウグイなどは，用水路内で生き残っていた可能性が考えられる。

ただし，その視点に立てば，広塩性魚類として知られているメダカも，短時間であれば高塩分の水中で生残できるはずである（岩松, 2018）。このことから，塩分耐性のみでは必ずしも津波の後の魚類の生き残りの成否を十分に説明することはできない。

一方，津波による井土メダカの絶滅要因を推察するうえで見落とせないのが，津波が発生した時点での各水生生物の分布域の広さや分布域間の連続性である。例えば，津波の後も確認されたフナ類やウグイ，ヌマチチブ，ボラ，アメリカザリガニは，震災（津波）以前の調査で，この用水路以外の水域にも広く分布していたことがわかっている。また，この用水路は井土メダカの生息地から100ｍほど下流で準用河川である井土浦川に接続しているが，この川にもフナ類やウグイ，コイ，ハゼ類，ボラ，アメリカザリガニが多く生息していた。平水時，用水路と井土浦川の水面には30～40cmの垂直の落差があるが，潮汐や降雨で増水した際には落差がなくなり，魚類などが用水路へ進入できる。このことから，仮に津波によって用水路からすべての生物がいなくなったとしても，上記の生物は津波の後，比較的短時間のうちに井土浦川などから用水路に進入できたのではないかと考えられる。対して，井土メダカは隣接する水域に他の個体群がまったく分布していなかったために，津波による消失後も個体群が復元しなかった可能性が考えられる。

なお，用水路では2012年12月の時点で，復興に向けた田んぼの除塩作業，ならびに圃場の再整備のために通水が完全に停止されており，これによってすべての水生生物は一度，用水路から姿を消した（図7. 3）（棟方ら, 2015）。

3. 震災後の井土メダカの保全に向けた取り組み

こうして震災に伴う津波によって仙台市沿岸域の井土メダカの個体群が絶滅したと判断されたことから，筆者らはこれらの復元に向けた保全活動を開始した。次に，一連の保全活動の意義（意味）と，具体的な取り組みについて述べる。

図7. 3 震災から２年が経過した仙台市沿岸域の井土地区の田んぼおよび用水路の様子
通水が停止され，用水路は乾燥した（2013年3月7日撮影）。

3. 1. 野生メダカの保全活動の意義（意味）

魚類の保全の意義は，対象とする魚種や地域，時代によっても異なるが，今回，筆者らが井土メダカの地域個体群の復元を目指した理由は，震災や津波によって破壊されたインフラストラクチャーなど人の生活基盤の復旧と同様に，野生メダカやそれらを取り巻く生態系についても，震災前と同じレベルに復元することが望ましいと考えたからである。つまり，震災や津波によって生態系から失われてしまった生物を復元することも，いわば当然の行為であり，それ自体に十分な意義があるだろう。

一方，こうして野生メダカなどの生物を対象とした保全活動に取り組むことにより，その生物を保全することに加え，いくつかの副次的な効果も得られると考えられる。例えば，野生メダカを復興後のシンボル種とみなすことにより，仙台市沿岸域では野生メダカの生存を保証するために水域の水量や水質，摂餌・繁殖環境の保全が推進され，広い範囲で野生生物のための生態系機能の復元や向上が見込まれる。仙台市の北側には渡り鳥の飛来地の生態系を保全するためのラムサール条約に登録されている伊豆沼などの湖沼があり，仙台市沿岸域の田んぼや用水路にもハクチョウやマガンなどが摂餌や休憩のために飛来する。野生メダカが生息する生態系を保全することで，これらの渡り鳥にとっても好適な環境が提供されることが期待できる。

また，約100万人の人口を抱える仙台市沿岸域で田んぼの用水路に野生メダカが生息しているということは，都市部周辺でも健全な水を用いて環境に配慮した稲作が行われていることの傍証となり，この食の安全や環境に配慮した農業を消費者にアピールする材料とすることができる。またその他にも，野生メダカの生息環境を保全することは，生態系自体を復元することになる。生態系が復元されれば，供給・調整・文化・基盤・保全といったカテゴリーに分類される種々の生態系サービスが享受できるようになると期待される（松田, 2004）。第8章で説明するように，筆者らの井土メダカの保全活動も，生態系機能の向上や生態系サービスの享受に結びつくと考えられる。

3. 2. 井土メダカの飼育繁殖

第1章でふれたように，ある淡水魚類の地域個体群が生息域から絶滅した際に，その魚の生息環境を復元した後，近接する他の地域から同等の遺伝的形質を備えた個体群の進入（自然な復元）を待つことが有効な手段として考えられる。一方，すでに近接する個体群が絶滅しており，自然（自発的）な復元が見込まれない場合には，その個体群が絶滅する前に採集しておいた飼育繁殖個体，あるいは遺伝的多様性を考慮して，最も遺伝的に近い他の個体群を導入することが検討される（丸, 1996）。

筆者らの場合は，震災の前年の2010年8月に，用水路から井土メダカを採集していた。そこで以下に述べるように，飼育繁殖個体を用いた井土メダカの復元を目指した。このとき採集した井土メダカとその子孫は，震災から約9年が経過した2020年春の時点でも複数の人工飼育池で飼育繁殖が続けられている。

本活動のように，地域個体群を復元する目的で魚類の飼育繁殖を行う際に特に留意しなくてはならない点は，以下の3点である。

(1) 絶滅リスクの低減

まず重要なのは，生息域外保存している個体を飼育途中で全滅させないことである。この場合は，同時に井土メダカという地域個体群の絶滅を意味するからである。飼育個体の全滅リスクを低減するためには，飼育場所を複数に分散することが最も有効な手段である。これにより，どこか1ヵ所で突発的な環境の変化や疾病が生じて死滅しても，他の飼育個体が残って

いる。筆者らは現在，おもに4ヵ所の閉鎖系（流入・流出河川をもたない水域）の屋外人工飼育池において，井土メダカが自然繁殖できるように環境を整えている（棟方ら，2015）。

(2) 遺伝的撹乱の防止

次に重要なのは，飼育個体に他の個体群が混入して遺伝的撹乱が生じないようにすることである。例えば，管理体制が整っていない人工飼育池では，何らかの要因で外部からヒメダカなどの遺伝的形質の異なる個体群が持ち込まれれば，目的の飼育個体に遺伝的撹乱が生じるおそれがある。これを防ぐためには少なくとも飼育池のひとつ以上を外部の人が立ち入りにくい場所に設置し，そこを中核的な池として管理することが有効と考えられる。筆者らの場合は，4ヵ所の飼育池のうち2ヵ所は一般の人が立ち入る可能性が低い場所（私有地）にしている（図7. 4①）。一方，残りの2ヵ所の飼育池は，人の行き来が多い大学の構内にある（図7. 4②）。完全な対策とはいいがたいが，外部からヒメダカなどを持ち込まないように，注意喚起のために掲示板を設置するなどの措置が重要となる。

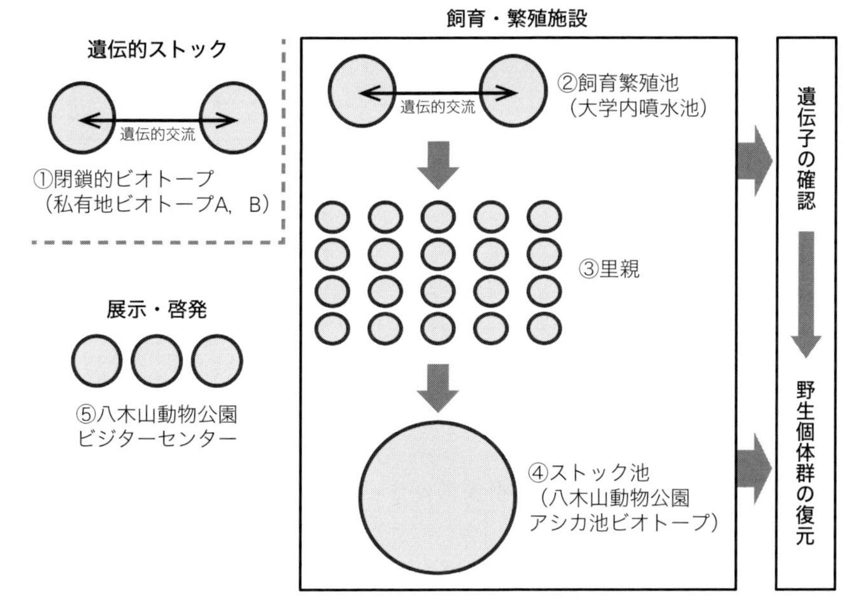

図7. 4 仙台市沿岸域の井土メダカの保全活動に用いた飼育施設と施設間の関係
飼育繁殖個体の絶滅リスクを下げるため，飼育施設を複数に分散している。また遺伝的撹乱を極力避けるため，4ヵ所の飼育施設のうち2ヵ所は外部との接触が少ない私有地に設置している（①）。残りの2ヵ所は人の行き来が多い大学の構内にある（②）。里親（③）のもとで飼育された個体は，一度ストック池（④）に収容し，その後，飼育繁殖個体の一部を抽出して遺伝的撹乱の有無を遺伝子解析によって調べた後に野生個体群の復元に用いることとしている。展示・啓発のための水槽は八木山動物公園などに置いている（⑤）。

⑶ 近交弱勢の防止

加えて重要となるのは，近交弱勢などのバイアスがかからないようにすることである。すなわち，飼育個体数が少ないために繁殖ペアに偏りが生じると，魚類においても近交弱勢が生じるおそれがある。これを避けるためには対象となる生物をなるべく多数で飼育し，異なる雌雄間の交配を促したり，異なる飼育池間で定期的に飼育個体を交換するといった対策が有効と考えられる。ただし，上述したように，本活動では主たる飼育池4ヵ所のうち2ヵ所が大学の構内に設置されており，そこではわずかでも遺伝的撹乱が起こる可能性がある。そのため人の関与が多い飼育池と人との接触が少ない中核的な飼育池との間での個体の交換は極力しないことが望まれ，ほかに飼育個体の交換が可能な隔離された飼育池をより多く確保することが重要となる。

3. 3. 里親による井土メダカの飼育繁殖

本活動では，4ヵ所の飼育池における飼育繁殖に加えて，2012年からは一般公募した里親（**図7. 4**③）による井土メダカの飼育繁殖を行っている（里親プロジェクト）。このプロジェクトを行った理由は，ひとつには震災後に筆者らが井土メダカの保全に向けて飼育繁殖を本格化した時点ではまだ飼育繁殖池が2ヵ所しかなく（そのうち1ヵ所が大学構内），地域個体群の絶滅リスクが高いと判断されたためで，仙台市八木山動物公園を窓口に里親を公募したことに端を発する。こうすることで飼育場所が分散され，飼育個体の全滅のリスクがある程度低減されると考えられた。

一方で，里親にはメダカの飼育に慣れていない人も含まれており，そのような飼育環境では遺伝的撹乱や近交弱勢が生じる可能性も考えられた。そのため，本プロジェクトではすべての里親希望者にあらかじめ八木山動物公園が年に2回程度開催する里親講習会を受講してもらったうえで，井土メダカを引き渡すこととした。

このように，井土メダカの里親プロジェクトは当初は飼育繁殖の担い手の確保という目的で進められたが，その反響は大きく，2019年までに仙台市内外の一般家庭や幼稚園，小・中・高校，大学，企業，官庁を含む，のべ290組以上の里親が誕生するに至った（棟方ら，2016）。その結果，メディアなどでも複数回取り上げられ，里親プロジェクトは当初の目的である飼育繁殖の役割に加え，市民の震災後の生態系保全の意識を高め，井土メダカの復元の取り組みを他の市民に広めるといった副次的な役割を担いつつある。

なお，里親の期間は，最も長い人で9年以上に及ぶ。この間，飼育繁殖を途中で辞退して飼育個体を返納する人や，繁殖によって個体数が増加し，飼育の許容量を超えてしまうといったケースがみられた。そのため，筆者らは八木山動物公園の一角に里親から回収した井土メダカをストックするためのビオトープを設置している（**図7. 4④**）。このビオトープの個体群も含め，将来的に里親が育てた飼育繁殖個体によって地域個体群を復元する際には放流前に遺伝子解析※1を行い，これらに遺伝的撹乱が生じていないことを確認することにしている。

※1　遺伝子解析は，里親から回収した飼育繁殖個体を一度仙台市八木山動物公園の飼育池に収容したのち，一部の個体群を抽出して第5章で述べられている *cytb* 解析等の手法を用いて行う計画である。

3. 4. 八木山動物公園，仙台うみの杜水族館などにおける啓発の取り組み

上述したように，里親プロジェクトは，保全上の飼育繁殖と全滅リスクの分散という役割に加えて，仙台の井土メダカの復元の取り組みを多くの市民に広め，震災後の生態系保全の意識を高めるといった啓発の役割もはたしている。このような啓発を行っている施設として，現在では仙台市八木山動物公園ビジターセンター（**口絵写真11**），仙台うみの杜水族館，せんだい3.11メモリアル交流館，仙台市若林区役所庁舎などがあり，そこでは井土メダカが飼育展示されている（2021年度からは津波で閉校となった東六郷小学校跡に建設される東六郷コミュニティー広場のメダカ池でも飼育展示が行われる予定である）。

3. 5. 井土メダカの地域個体群の復元プラン

以上のように，井土メダカの復元に向けた活動の一環として，飼育繁殖や保全に対する啓発を行った。その一方で，井土メダカを復元するための生息地の確保については，震災から6年が経過した2017年になっても十分に進展しなかったのが実情である。第1章でも述べたように，一度絶滅した淡水魚類の地域個体群を復元させるには，まずはこれらを絶滅させた要因を除去あるいは改善して，生息環境を復元することが前提となる。しかし，井土メダカが生息していた井土地区の用水路では，津波によって野生個体がいなくなった後，のべ数回にわたって通水が停止されて圃場の再整備が行われ，用水路の主要部分がそれまでの土側溝から3面張りのコンクリート製U字溝に置換されてしまっている（**図7. 5**）。そのため現時点では，もとの生息地に井土メダカの生息環境を復元することはきわめて難しい状況となっている。将来的にはここのコンクリート製U字溝の底面に石やブロック，砂利，植生のためのポットなどを設置して，人工的な淀みや蛇行区間，親魚の産卵環境を再現し，井土メダカを復元したいと考えているが，現在の

図7. 5　震災から３年が経過した仙台市沿岸域の井土地区の田んぼおよび用水路の様子
用水路はコンクリート製U字溝による3面張り水路に置換されている（2014年6月20日撮影）。

復興事業（圃場整備）が完了するまではそれに着手できない。そこで筆者らは現在，井土地区の用水路に代わる井土メダカの当面の生息地として，仙台市沿岸域にある他の田んぼなどの活用を試みている。

3. 6. 田んぼにおけるミナミメダカの試験放流

筆者らが井土メダカを採集した井土地区の北側に位置する宮城野区岡田地区では，震災復興の圃場整備が段階的に終了し，2014年の春から一部の田んぼで稲作が再開された。そこで筆者らは2014年から3シーズンにわたって，同地区の遠藤環境農園の協力と三井物産環境基金の助成のもと，田んぼ内で井土メダカの飼育繁殖が可能か否かを調べるための試験放流を行った（棟方ら, 2015）。

遠藤環境農園の田んぼでは，稲作を再開するにあたり，イネやメダカなどの生物や周囲の環境に配慮して，農薬を不使用とした。また，ヒエなどの雑草を生えにくくするために通常よりも水位を10cmほど深くする深水管理を行うことになり，メダカには好適な生息環境が揃っていると考えられた。最初の試験放流を2014年6月21日に実施し，井土メダカの成魚約100

尾を放流した(**口絵写真12**)。その後，同年8月29日に田んぼ内の生息状況を観察したところ，多数の稚魚が泳いでいるのが確認されたことから，放流した個体は良好に繁殖していると考えられた。

通常，慣行農法では稲作の工程として“中干し”と呼ばれる，一度田んぼ内の水を抜いて底面の乾燥を促す作業が行われる。しかし，この作業を行うと井土メダカが生息できなくなるため，遠藤環境農園の田んぼでは行わないこととした(中干しを行わなくても，基本的にその後の工程への影響は少ないとのことである)。一方，稲刈りの前には通常どおり，田んぼ内の水をすべて抜いて底を乾燥させることとした。そのため，稲刈りの数日前に田んぼ内の排水路付近にシャベル[※2]で長さ80cm，幅50cm，水深50cmの深場を4ヵ所造成し，その後，徐々に田んぼから水を抜くことで井土メダカをこれらの深場に誘導し，手網(たもあみ)で回収した。回収した井土メダカの数は放流時の数倍以上にのぼった。これらは冬の間，遠藤環境農園内の複数のビオトープに収容し，2015年の春に再び田んぼに放流した。

※2　関西では，片手で使う小型のものをスコップ，手と足で使う大型のものをシャベルと呼ぶが，なぜか関東ではこれが逆になっている。英語では小型のものをscoop，大型のものをshovelといい，関西の呼び方が正しく英語を反映しているといえる。

なお余談であるが，かつての日本では田んぼ内で繁殖した野生メダカは，稲刈り前になると落水に乗じて周囲の用水路(排水路)に移動(降下(こうか))し，そこで越冬した後，春になると再び水が張られた田んぼ内に自力で進入(遡上(そじょう))するといった生活史をもっていたと考えられている。ところが，遠藤環境農園をはじめとする現代の田んぼの多くは，排水効率を高めるために田んぼ水面と排水路の間の落差が大きくなっており，一度排水路に降下した野生メダカが遡上することが困難となっている。しかし，上記したように稲刈り前に回収し，再び春に田んぼに放流することで，野生メダカは田んぼ内でも繁殖できることが示された。ただし，将来的に人の手をかけず田んぼ内で野生メダカの飼育繁殖を行うのであれば，用水路の生息環境を整備するのと同時に，用水路と田んぼの間を野生メダカが往来できるように魚道を整備することも強く望まれる。

4. 防災集団移転跡地の活用

仙台市における井土メダカ復元の取り組みでは，すでに井土メダカの野生個体群が絶滅しており，もとの生息地である井土地区の用水路網の環境の復元もまだ開始できないといったように，生態系の復元が十分に進められていない。そこで我々が次の保全策として採用したのが，代替地に新たに井土メダカの生息環境を創出することであった。

2018年4月，仙台市では，津波で被災した若林区，宮城野区沿岸域の一部を防災集団移転跡地と設定し，この場所の有効利用がはかられることと

図7. 6 2018年に新営した井土メダカの新たな生息地となる新浜湧水田んぼ・ビオトープの様子
仙台市の防災集団移転跡地の制度を活用している。奥の田んぼではメダカとともにササシグレを栽培し，仙台メダカ米の生産にも取り組んでいる。

なった（仙台市, 2016）。そこで筆者らは，地域の農家や大学の教員とともに宮城野区新浜地区の防災集団移転跡地の一部を借り受け，ここに井土メダカの生息代替地（カントリーパーク新浜 新浜湧水田んぼ・ビオトープ，以下田んぼ・ビオトープ）を新営することにした（**図7. 6**）。

田んぼ・ビオトープは，総面積が約80アール（総敷地面積約200×100m）ある。この区域を大きく4面に区切り，うち西側の3面を田んぼ，東側の1面を希少水生植物を保全するためのビオトープエリアとした。ビオトープエリアには，TOTO株式会社が主催する水環境基金の助成を受けて深度約30mの井戸を掘削し，田んぼ・ビオトープに水を供給する水源とした。

2018年6月29日に，田んぼ・ビオトープに宮城教育大学の飼育池で飼育していた井土メダカの親魚約400尾を放流し，その後の経過を定期的にモニターした。その結果，8月の時点で放流した数の数倍以上に増加したことが確認された。また，ビオトープエリアではミズカマキリやトンボ類などの水生昆虫が多数生息していることも確認できた。この本を執筆している2020年2月の時点で，西側の3面の田んぼで生育した井土メダカを東側のビオトープに誘導して越冬させている。

井土メダカは，田んぼの中でも農薬を不使用とすれば十分に生育させることが可能であった。また，現代の多くの田んぼには魚道などが必要と述

べたが，田んぼの一部に周年水を張ったビオトープエリアがあれば，魚道を作らなくても，十分に野生メダカを飼育できることが実証された。

5. 井土メダカ保全の今後の展望

以上，本章では震災に伴う津波によって絶滅した，仙台市沿岸域の井土メダカ個体群の復元に向けた活動について紹介した。上述したとおり，本活動では震災前に採集した井土メダカを飼育池や里親のもとで飼育繁殖させることで，復元のための個体数の確保を目指した。また，そのうえで基盤となる生息域が復元できなかったため，井土メダカの野生復帰は震災から7年が経過しても実現していない。しかし，里親などとともに飼育繁殖させたことで，全滅させることなく井土メダカを維持できたことはおおいなる成果である。

また，このような状況にあっても，一連の保全活動を推進することによって，震災で絶滅した仙台の野生メダカの復元に対する認知度が高まったことは，さらに大きな成果のひとつである。震災以降，筆者らは仙台市内の学校などにおいて井土メダカの保全について紹介する出張授業を行い，これらの活動を通して将来の保全の担い手である子どもたちに対して，被災した生態系の復元の意義を伝えることができたと考えている。その点において，井土メダカの復元を目指して始まった一連の活動は，本来の目標である個体群の復元といった枠を超えて，生態系の重要性や生物多様性の意味を再認識させるといった文化的な向上や，自然科学教育の進展といった教育的な派生効果をもたらしたことになる。あるいは，それこそが震災後，仙台で井土メダカの保全に取り組むことで得られた，最も大きな資産といえるかもしれない(棟方ら, 2017)。

6. 今後の展開

最後に，筆者らが現在想定している，仙台市沿岸域における井土メダカの地域個体群復元の今後のプランについて簡単に記す。これらの案が，今後の希少淡水魚類の保全活動に少しでも役に立てば幸いである。

6. 1. 学校ビオトープ

現在，井土メダカの新たな生息場所の有力な候補として考えられるのが，学校の校庭に設置される学校ビオトープである(**図7. 7**)。今回紹介した仙台市沿岸域のように，本来の野生メダカの生息地である田んぼの用水路の環境が津波やその後の整備によって激変してしまったケースでは，人工的

図7. 7 2018年に新営した井土メダカの新たな生息地となる仙台市八木山小学校校庭の学校ビオトープの様子
学校に設置される学校ビオトープは，メダカの保全の受け皿のひとつとなり得る。

な代替生息環境であるビオトープを活用していくことも現実的な保全策のひとつとなる。本活動でも，里親プロジェクトが行われている八木山動物公園と連携関係にある仙台市立八木山小学校の校庭に，井土メダカを保護するためのビオトープを造成した。今後は，他の学校との連携を通じてこのような学校ビオトープを増やすとともに，震災後の生態系の保全の教育を推進していくことも期待される。

6. 2. 圃場整備後の仙台市沿岸域の用水路の環境整備

本章でふれたように，仙台市沿岸域の田んぼの用水路では，コンクリート製のU字溝による3面張り工事が進められているが，このような整備は今後しばらく全国的に続く可能性がある。したがって，淡水魚類の保全活動においては今後，このようなコンクリート製U字溝に魚類の摂餌，産卵環境を人工的に創出し，野生メダカなどの魚類を生息可能にするための研究を進めることが望まれる。

6. 3. 田んぼの冬期湛水(冬水田んぼ)

近年，農閑期となる秋以降にも田んぼの水を落とさず，周年にわたって水を溜める冬期湛水 (冬水田んぼ) が増えている。冬期湛水は，田んぼ内の微生物のはたらきを活発化させ，稲わらの生分解による肥料添加効果を高めるといった，稲作からみて好条件になる側面がクローズアップされるが，田んぼ内に常に水があることで野生メダカなどの水生生物も周年生息できるという利点もある。このような環境が増えることで，そこに暮らす野生メダカなどの魚類が周辺から飛来する鳥類などの餌になるといった，生態学的機能の向上も期待される。

棟方有宗，田中ちひろ，遠藤源一郎

コラム13　動物園からみたメダカの保全

2012年に宮城教育大学と仙台市八木山動物公園の連携で始動した「メダカの里親プロジェクト」は今年で９年目を迎えた。里親数は290組を超え，一般家庭のみならず，学校や企業からも応募が絶えない。特に年に数回の里親募集を実施していたプロジェクト開始当初から５年間の里親数は230組近くあり，毎回応募開始から数日足らずで予定していた定員に達してしまうほどであった。放流にあたってのメダカの数にめどが立ったことで里親の募集を制限している2018年以降も一般市民の関心は依然高く，多くの人から応募の連絡がある。

このメダカの里親プロジェクトはなぜこんなにも多くの人々から関心が寄せられるのだろうか。このプロジェクトに関わり，実際に里親になった人と交流してまず実感したのは，里親の多くは，東日本大震災の復興の一環としてこの活動に参画しているということである。震災では人だけでなく多くの尊い生命が犠牲となった。井土メダカもまた，震災により本来の生息地からは姿を消してしまった。復興が進み道路や家屋が整備されていく中で，一度は野生下で絶滅してしまった井土メダカの個体数を回復させ放流を目指すこのプロジェクトは，失われた“いのち”の復興として人々の心に響いたのではないだろうか。

また多くの人々がこのプロジェクトに参加するもうひとつの理由は，教育的効果であると考えられる。生き物の飼育をすることは，ときには新しい命の誕生を間近で感じ，またときには失敗の経験を重ねることで，生き物を飼うことの難しさや魅力を学び，命に対する責任感の育成効果への広がりをもたらす。また，ガラス水槽内とはいえ，ヒメダカではなく地元の野生メダカを飼うことで，愛着のある地元仙台の自然を感じられるのかもしれない。

本プロジェクトを実施するにあたり，人々にとって身近に生き物を感じることのできる動物園を窓口にしたことも，参加人数の拡大につながったと考えられる。子どもの頃から慣れ親しんだ動物園という場で里親募集や交流会を開催することで，気軽に楽しく参加することができたのではないだろうか。

震災発生から９年が経ち，地域の復旧が進むなかで井土メダカの保全活動もいよいよ最終段階に入ろうとしている。宮城教育大学，地域団体，そして多くの人々と連携して歩んできたこの活動が最後まで遂行されるよう，動物園として今後も尽力していきたい。

廣石光来

コラム14　仙台のメダカと子ども

野生メダカが身近にいる，またはいたことを知っている日本人は，今どれくらいいるのだろうか。筆者は1980年代，首都圏に住む小学生だった。近所の男の子たちはアメリカザリガニ釣りに夢中だったが，野生メダカを捕まえたという話は聞いたことがなかった。当然，小学生の私は野生メダカを見たことはなかった。一方，同じ世代の山形出身の男性は「近所の用水路にメダカがいた」といっていた。

現在，仙台市に住む子どもたちは，野生メダカをどのような存在としてとらえているのだろうか。メダカと米作りに関する親子向けの講演会の取材をした際，参加していた幼稚園児・小学生は「メダカを見たことがあるか」「見かけた場所はどこか」という質問に対し，「八木山動物公園にいるのを見た」「幼稚園にいる」などと答えていた。

第7章および第8章で紹介されているが，八木山動物公園は，井土メダカの保護活動を行っており，子どもたちが見たというのはこのビジターセンター内の円形水槽内で飼育されている井土メダカのことである（**口絵写真11**）。そして「幼稚園にいる」のは，八木山動物公園が窓口となっている「メダカの里親プロジェクト」で幼稚園に託されたメダカのことである。

里親プロジェクトの中心メンバーである棟方有宗宮城教育大学准教授によると，現在，10～20の幼稚園・小学校・中学校が里親として井土メダカの飼育をしており，なかにはビオトープ池を整備している施設もあるそうだ。野生メダカを地元で見たことがない子どもたちにとって，幼稚園や学校・八木山動物公園・うみの杜水族館にいる井土メダカというのは，飼育下ではあるが，仙台の地元っ子メダカである。野生メダカは生息地によって遺伝的な独自性があるため，他地域の個体では置き換えがきかないこと，井土メダカを保護・繁殖させるためにたくさんの市民が関わっていること，カントリーパーク新浜が進めている野生メダカがすめる環境の再生，これらを子どもたちに伝えていくことは，地域の環境や復興について子ども自身が考えるきっかけとなるであろう。子どもたちへの啓発・教育は家庭を通じて親・祖父母世代へと伝播し，ひいては地域全体に広がっていくことが期待できる。

いつか，水槽やビオトープだけではなく，水路や川で仙台の地元っ子の井土メダカの群れが見られるようになり，仙台の子どもたちがメダカ採りに夢中になっている光景を見てみたいものである。

村上陽子

● 引用文献

岩松鷹司: メダカ学全書. 大学教育出版, 岡山, 2018, 672 pp.
丸武志: 飼育繁殖を利用した稀少種の保全. *In*: 保全生物学 (樋口広芳編), 東京大学出版, 東京, 1996, pp. 165－190.
松田裕之: ゼロからわかる生態学. 共立出版, 東京, 2004, pp. 121－141.
棟方有宗, 菅原正徳, 田中ちひろ, 釜谷大輔: 東日本大震災の津波で被災した名取川河口域のメダカの保全. 宮城教育大学環境教育研究紀要, 15: 57－63, 2013.
棟方有宗, 田中ちひろ, 坂佳美, 菅原正徳: 東日本大震災の津波で被災した名取川河口域のメダカの野生個体群復元に向けた資源増殖の取り組み. 宮城教育大学環境教育研究紀要, 16: 31－38, 2014.
棟方有宗, 田中ちひろ, 遠藤源一郎, 小林牧人: 東日本大震災の津波で被災した名取川河口域のメダカの野生個体群復元に向けた取り組み (第三報). 宮城教育大学環境教育研究紀要, 17: 13－19, 2015.
棟方有宗, 田中ちひろ, 遠藤源一郎, 山崎槙, 釜谷大輔, 小林牧人: 東日本大震災の津波で被災した名取川河口域のメダカの野生個体群復元に向けた環境整備の取り組み. 宮城教育大学環境教育研究紀要, 18: 29－33, 2016.
棟方有宗, 田中ちひろ, 小林牧人: 東日本大震災後の仙台市における野生メダカの保全に向けた取り組み. 日本水産学会誌, 83: 236, 2017.
仙台市: 集団移転跡地利活用の考え方. 2016. http://www.city.sendai.jp/fukko-jigyo/shise/daishinsai/fukko/documents/kangaekata_h2808.pdf (2017年4月15日閲覧)

第8章

野生メダカと環境教育，啓発

1. はじめに

本書ではここまで，日本の野生メダカが減ってしまった要因や，彼らの基礎生態，遺伝的特性，さらにはこれをどのようにして守り，増やすことができるかについて述べてきた。こうした取り組みが行われる背景には，我々日本人にとって最も身近な魚のひとつである野生メダカを守るという目的もあるが，実はこうして野生メダカを調べ，守ることによって我々人間もまた野生メダカから，後述するように多くの恩恵を受けていると考えられる。つまり，我々と野生メダカ，ひいては野生生物は，究極的にはお互いがお互いを助ける，切っても切れない間柄にあるといえる。そこでこの本の最後の章では，日本の野生メダカたちが我々にどのような恩恵をもたらしてくれるのかについて，特に教育や啓発といった，文化・社会的な観点を中心に概観してみたい。

2. 生態系サービス

我々が野生メダカを調べ，守ることで，野生メダカたちも我々に多くの恩恵をもたらしてくれる。こうした恩恵をまとめて考えたとき，これらを科学的には“生態系サービス”と呼ぶ(松田, 2004)。生態系サービスは，大きくは，供給，調整，文化，基盤，保全の5つに括られている(**表8. 1**)。

表8. 1 生態系サービスの5つの内容

供給	食品や水などの物資の供給
調整	温度や気候などの調節・制御
文化	レクリエーション・教育などの文化・精神的利益
基盤	物質循環や光合成による酸素の供給など
保全	未来のために多様な環境を保全すること

供給サービスとは，ある生態系を保全することで，そこから食べものなどの直接的な物質が我々に供給されることである。例えば我々は，海や山の環境を守ることで魚介類や木材，山菜などの生物資源を持続的に得ることができる。野生メダカに関しては，地域によっては野生メダカを保全しながら食用としていたところもある。またそれ以外の地域でも，野生メダカを保全することで彼らを育む良好な水質が保たれ，その水で育った米の供給が期待される。

調整サービスは，ともすると恩恵と感じ取ることが難しいが，例えば山に多くの樹木（森林）があることで隣接する住宅地の急激な温度変化や風雪が弱められるといった，環境を安定させる機能を指す。

文化サービスとは，その生物や生態系が存在することで，自然を心地よく思う気持ちが養われることや，それらの観察や教材としての活用を通して教育が深化すること，さらには自然の中でのレクリエーションなどを通じて地域の文化が発展することなどを指す。自然科学，環境教育などもこれに含まれる。

基盤サービスには，人間も含む生物の生存に直結する内容が多く含まれる。例えば，動物の大半は植物が光合成をしているから十分に呼吸することができる。また，野生メダカがいる環境を保全することで周辺の川の水量や水質が保たれ，我々は良質な水が利用できるようになる。

最後に，保全サービスとは，ある生態系や生物を絶滅させないように保全すれば，将来にわたってその中の構成要素である生物をさまざまな資源として利用できることである。例えばある地域に生えている植物は，今は明確な利用価値はないが，将来的には何らかの食品や医薬品となるかもしれない。その植物自体に直接的な利用価値がなかったとしても，その植物を利用する別の生物に直接の利用価値がある可能性もある。そのときに確実に資源として利用できるように，より多くの生物やそれを取り巻く生態系を保全することが望まれる。それゆえに第3，4章でも述べられているように，日本の野生メダカは地域ごとに遺伝的形質が異なる多くの地域個体群からなっており，それぞれが地域固有の資源であり，各地域の保全サービスの確保という意味でも守ることが必要である。

このように，野生メダカを保全するということは，決して単なる感傷的なものではない。我々は，野生メダカを保全することによって多種多様な生態系サービスを享受し得るのである。

3. 野生メダカを用いた環境教育

第7章で紹介したように，筆者らは仙台市沿岸域において，東日本大震災に伴う津波によって絶滅した井土メダカの地域個体群の復元に取り組んでいる。その目的のひとつは，震災で生態系の構成要素から抜け落ちた井土メダカの個体群を，震災前の状態にするといったシンプルなものであるが，その保全活動は，同時に実践的な環境教育・啓発の素材としても重要な役割をはたしている(棟方ら, 2013, 2014, 2015, 2016)。

例えば筆者らは，この保全活動において，里親による井土メダカの飼育者を募っている。里親数は現在, 宮城県の内外合わせて290組に達している。第7章でもふれたように，里親活動の当初の目的は，井土メダカを増殖・保護するうえで飼育個体群の全滅リスクを軽減することであった。しかし，実際に里親活動を始めてみると反響が大きく，筆者らの予想を超えて里親希望者は増えていった。里親の数だけ井土メダカの実践的な飼育体験や飼育方法の試行錯誤が日々繰り広げられていた。つまり，里親のもとにいる井土メダカたちは，自身が保護の対象であると同時に，里親にとっては生きた環境教育，あるいはESD (Education for sustainable development；持続可能な開発のための教育)の教材としての役割をはたしていることになる。

筆者らは，里親の一部にアンケートを行い，井土メダカの里親を志向した理由をたずねたことがある。アンケートに答えた里親の中にはもとから生き物が好きで，希少な野生メダカの飼育や繁殖に興味を抱いたという人がいた一方で，それまで必ずしも生物の飼育に興味があったわけではないが，東日本大震災や津波といった未曾有の自然現象が起こったことを受けて，自分自身も復興に関わる活動に参加したかったという人も多くいた(棟方ら, 2015)。このような回答から，井土メダカの里親活動は，単にメダカに親しむ機会となるだけでなく，震災を経験した人々の復興参加への意識の変化を引き起こし，それらを体現する機会としても機能しているように思える。

筆者らは，2018年4月から仙台市宮城野区新浜地区の防災集団移転跡地を利用して，井土メダカの代替の生息地としての田んぼ・ビオトープ(カントリーパーク新浜)の運営を開始している(第7章参照)。開始2ヵ月後の同年6月に宮城教育大学の飼育池で保護していた井土メダカの成魚(約400尾)を放流し，以降，順調に生息個体数が増加したことが確認されている。これによって仙台市沿岸域における井土メダカの個体群の復元は一定の成果を収めたことになる。また田んぼ・ビオトープでは，敷地の7割程度を占める田んぼにかつての仙台の特産米の品種のひとつであるササシグレを植え，農薬・化学肥料を使わず井土メダカとともに稲作をする取り組みも行っている。

田んぼでは，定期的に田植えや生き物観察会，草取り，稲刈り，収穫祭といったイベントを開催し，環境教育の機会を提供している。このような活動は，保全すべき井土メダカが生き残っていなかったならば実現しておらず，井土メダカの保全活動を行ったことで得られた大きな文化的な成果のひとつと考えられる。

また収穫したササシグレは，今後，井土メダカとともに育てた「仙台メダカ米」としてブランド化し，普及・販売していく計画である。こうした活動は，より付加価値の高い新たなブランド米を生産する取り組みであり，供給サービスとしても位置づけられる。このような米の生産は近年，日本の各地でも行われており，野生メダカを基軸とした新規の供給サービスとして今後さらに普及すると期待される。兵庫県豊岡市では，田んぼの中でコウノトリの餌となるドジョウや野生メダカなどの生物の育成を行う環境配慮型の農法を推進しており，さらにそれらの田んぼで収穫された米は，「コウノトリ育(はぐく)むお米」として高い付加価値とともに関西圏の大都市などに出荷され，高い評価を得ている。

4. 野生メダカを用いた啓発

以上のように，野生メダカの存在は環境教育やESDなどの実践的学習の素材や田んぼの環境保全のシンボルとして，幅広く文化的な機能をはたし得る。それゆえ，野生メダカの保全活動を行う過程では，多くの人が野生メダカについての学習を通じてさらに環境保全の意識を高めるといった，相乗効果が期待されるのである。

こうした循環的な活動への導入（入口）として，野生メダカ保全の重要性や価値を伝えるような啓発が欠かせない。その中でも，水族館や動物園，博物館などの公共施設は，大きな役割を担うと考えられる。

仙台市八木山動物公園のビジターセンターでは，東日本大震災の翌年の2012年から井土メダカの飼育展示を開始した（**口絵写真11**）。また2015年にオープンした仙台市うみの杜水族館では，開館当初からラボコーナーと呼ばれる常設展示コーナーで井土メダカの飼育展示が行われている（棟方ら，2013）。さらに仙台市若林区の地下鉄東西線荒井駅にあり，東日本大震災に関する展示施設であるせんだい3.11メモリアル交流館では，2016年から同様に，井土メダカの飼育展示による啓発活動が行われている。

このように，公共施設での飼育展示は，井土メダカの保全や野生個体群の復元の活動を多くの人々に知ってもらう契機になるとともに，将来の街作りの道標（みちしるべ）ともなる，基盤的な取り組みといえる。もしも仮に震災後に井土メダカの野生個体群の復元の活動が行われていなければ，将来の地域の復興の方向性も大きく変わっていたのではないかと筆者らは考えている。

5. 野生メダカを通して考える，地域の過去，現在，未来

筆者らが井土メダカの保全に関わるようになったのは東日本大震災の前年の2010年であり，野生個体群の復元を開始したのが震災後の2011年以降であった。それから約9年間，我々は井土メダカの飼育繁殖やもとの生息環境の復元，代替の生息地の創設といった活動をしながら，井土メダカの野生個体群の復元のあり方を模索してきた。その間，多くの場面で参考としてきたのが，井土メダカの過去の姿であった。ここで再度，簡単に振り返ってみたい。第7章でふれたように，仙台市沿岸域では特に江戸時代以降に新田開発が推し進められ，広瀬川の愛宕堰から新田に水を引くための疏水が網の目状に張り巡らされた。以降，昭和時代の中頃まで，沿岸域の田んぼやため池，用水路には多くの野生メダカがごく普通に生息していたことがわかっている。そのうえ，用水路1本当たりの野生メダカの生息密度がかなり高く，昔は用水路で米を研いでいるだけで釜の中にメダカが入ってしまうので，そのままメダカごと炊いて“メダカ米”を食べていたという逸話もあるくらいである。こうした情報の中でも，最も参考になったのが，実際にその土地で生まれ育った古老の経験談である。彼らに話を聞くことで，沿岸域のどの地域のどのような場所に野生メダカが多かったかといった生態学的な情報や，かつての湧き水やため池の位置や規模といった地理的・地質的な情報を把握することができ，過去に即した野生メダカの復元場所や，復元後の野生メダカの活用方法などについて充分な検討を行うことができたと考えられる。

宮城県仙台市沿岸域の場合，数十年経って東日本大震災が回顧されたときに，この津波によって生態系や野生生物も多く被災したことが記録から読み解かれることになろう。しかし，そこにはこのようにも記されているであろう。“井土地区に生息していた野生メダカは，震災復興の間の数年間はこの地域から姿を消していたが，その後は代替の生息域で震災前と同じように生息している”と。そう振り返られるように，過去と未来を橋渡しすることも，現代の我々に託された保全上の重要な取り組みである。

6. 最後に

最近，日本の野生メダカは絶滅が危惧される希少な生物として，保全の観点から論じられる機会が多くなってきた。しかし,本書で概観したように，野生メダカには実践的な体験学習の教材としての役割や，地域の生態系の未来のあり方を問いかける象徴的な生物としての役割も備わっている。また，日本のメダカは野生メダカだけでなく，現在では観賞魚としてなじみ深いヒメダカや，さらなる掛け合わせによって作出された新しい品種も広く受け入れられている。野生メダカの保全の観点からは，ともするとこうした飼育品種は野に放たれて遺伝的撹乱を起こすやっかいものとも映る。しかし，彼らの存在は，現在でもメダカが我々日本人の文化に新しいかたちで浸透し続けていることを物語っている。今後も日本のメダカとうまくつきあっていくためには，野生個体の保全と，飼育品種を用いた教育や啓発をうまく両立していくことがきわめて重要となろう。

棟方有宗

コラム15　新浜ビオトープにみる復興のかたち

東日本大震災による津波は，仙台市沿岸域の人々の営みに大きな打撃を与えた。また津波はそこの生態系にも大きな変化をもたらした。人の生活に関わる復旧・復興は，防潮堤や海岸公園の建設などにより着実に進んでいるが，沿岸域の自然の回復はどうだろうか。第7章に書かれているように，宮城教育大学の棟方准教授を含む市民団体カントリーパーク新浜は仙台市から借りた新浜地区の土地にビオトープ（池）と田んぼを作り，2018年春に同大学で飼育していた井土メダカを放流した。井土メダカがかつて生息していた井土地区の用水路は，震災からの復旧後，井土メダカの生息には適さない人工的な環境になってしまったため，個体群を復元できる状況にはない。まずは新浜地区のビオトープが井土メダカの新たなふるさととなったのである。

このビオトープとそこにいる井土メダカを通して，環境再生について考えてみたい。ビオトープでは，現在ハマボウフウやハマナスなど沿岸域にもともと生育していた希少植物や，野生メダカの産卵や隠れ場所として重要な水草の育成に取り組んでいる。2018年夏にビオトープで行われた「生きもの観察会」では，ギンヤンマやシオカラトンボなど数種のトンボとアメンボやゲンゴロウなどの水生昆虫が観察された。その他にカエルやドジョウ，イナゴやカマキリも生息し，絶滅が危惧されているミズアオイが花をつけた。ミズアオイについては，津波によって土壌が撹乱され地中深くにあった種が表土近くに移動し，カントリーパーク新浜の田んぼで農薬を使っていなかったことから芽が出て生長できたらしい。なお井土メダカはビオトープと田んぼの両方に放流されているが，稲刈り以降の田んぼに水がない時期はビオトープに集められている。野生メダカは田んぼ内の虫や雑草を食べるわけではないので，米作りに直接的な貢献はないのだが，野生メダカがいるということは，その田んぼの水がきれいで多様な生物と共生できる環境であるという目印になる。野生メダカの存在が，そこで生産される米に，食品としての安心安全という付加価値をもたらすのである。

津波で被災した井土メダカが田んぼ・ビオトープに放たれるまでの過程には，里親プロジェクトをはじめ多くの仙台市民の協力があった。なぜ市民はこれほど協力的だったのであろうか。いくつかの理由が考えられるが，そのひとつとしてメダカが誰もが知っている魚だったということがあるのではないだろうか。これがもしあまりなじみのない，あるいは名前も知らない魚だったら今回のような協力は得られなかったのではないか。そうい

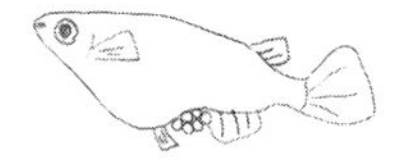

う意味では，井土メダカは復興のシンボルとなっていると考えられる。

このような存在であるメダカを通した活動による環境再生は，一般の市民にもわかりやすいうえ，教育的・学術的にも価値があり，非常によいモデルケースであると考えられる。観光地にならないような，人の暮らしの近くに存在する「ふつう」の自然が意識的に保全されることは少ないように感じる。このビオトープのような「ふつう」の自然を再生し，残していくことが日本の生態系維持や環境保全には重要なのではないだろうか。そして現代を生きる子どもが，人の営みと自然が寄り添っているような風景を体験できる機会が増えることが望ましい。カントリーパーク新浜と棟方准教授の活動のさらなる展開に期待したい。

村上陽子

● 引用文献

松田裕之: ゼロからわかる生態学. 共立出版, 東京, 2004, pp. 121－141.
棟方有宗, 菅原正徳, 田中ちひろ, 釜谷大輔: 東日本大震災の津波で被災した名取川河口域のメダカの保全. 宮城教育大学環境教育研究紀要, 15: 57－63, 2013.
棟方有宗, 田中ちひろ, 坂佳美, 菅原正徳: 東日本大震災の津波で被災した名取川河口域のメダカの野生個体群復元に向けた資源増殖の取り組み. 宮城教育大学環境教育研究紀要, 16: 31－38, 2014.
棟方有宗, 田中ちひろ, 遠藤源一郎, 小林牧人: 東日本大震災の津波で被災した名取川河口域のメダカの野生個体群復元に向けた取り組み (第三報). 宮城教育大学環境教育研究紀要, 17: 13－19, 2015.
棟方有宗, 田中ちひろ, 遠藤源一郎, 山崎槙, 釜谷大輔, 小林牧人: 東日本大震災の津波で被災した名取川河口域のメダカの野生個体群復元に向けた環境整備の取り組み. 宮城教育大学環境教育研究紀要, 18: 29－33, 2016.

付　　録

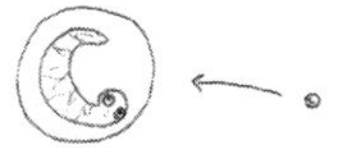

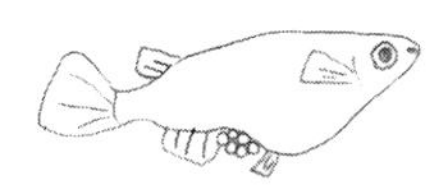

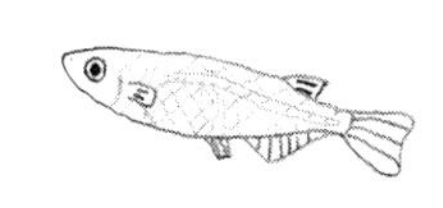

メダカの飼育方法とそのこつ

本書の最後に，メダカの飼育方法とそのこつについて紹介する。すでに解説したように，野生メダカも，ヒメダカなどの飼育品種も，古くから日本に生息してきたメダカから生まれた子孫の一部である。これらのメダカがそれぞれに異なる遺伝的形質をもち，したがってこれらを安易に河川などに放流してはいけないことについては，すでに繰り返し本書で伝えてきた。しかし，たとえヒトによって作り出された飼育品種であっても，彼らは同じ命をもった生物であり，共存すべき我々の仲間である。少し話がそれたが，要するに本書でとりあげたメダカはすべて，基本的には同じ方法で飼って増やすことができる。

ここでは，筆者らが基礎研究や保全，愛玩の取り組みの中で培ってきたメダカの飼育方法について解説する。

メダカの寿命は，野生では1～2年（飼育品種は2～3年）といわれる。良好な環境であれば，4～5年くらい生きることもある。また，比較的暑さ寒さにも強く，夏は水温35°C程度まで，冬は水面に氷が張るくらいでは死ぬことはない。

メダカの飼育に必要なもの

ここでは水があまり汚れず，酸欠になる心配がない飼育方法を紹介する。エアーポンプやろ過器などの装置による水流は親メダカの性成熟や繁殖活動を抑制する可能性があるため，基本的に用いない方が好ましい。

① 水槽

水槽は，親メダカ4尾（雌2尾，雄2尾）を飼育する場合，45×20×30cm（たて，よこ，深さ），水量約25L以上の大きさのものであれば，産卵によって稚魚が増えても20尾程度まで収容できる。メダカの飼育数は，最大で1Lにつき1尾を目安にする。水槽が大きいほど多くの個体を入れられるだけでなく，急激な水温や水質の変化を抑えることができ，飼育は楽になる。

② 飼育水

水道水は直接使えないため，必ず12時間以上バケツなどの容器でくみ置きした水を用意する。水道水に殺菌のために入っている塩素などを気化させるために蓋はしない。くみ置きができない場合は，市販のカルキ（塩素）抜き剤を適量投与して用いる。なお，飼育を開始した後は，水量全体の30％程度までであれば，水道水を直接水槽に入れてもよい。

③ 砂利・土

水槽の底には，水質の安定と浄化のために砂利や土を敷く。砂利の間にバクテリア（細菌）が繁殖することで，水質の急な変動を防ぎ，水槽内の餌の食べ残しや糞の分解（浄化）が行われる。バクテリアは吸着面が多いほど繁殖して水質浄化につながるため，砂利の粒子が細かいものを多く用いたり，目の粗い川砂や市販されている多孔性の底材（人工的に多くの隙間が作られている）を用いる。水草などを育てる場合は，根をはれるように赤玉土を用いてもよい。なお，あらかじめバクテリアを十分に繁殖させておくため，作業はメダカを入れる数日前に行っておく。

水槽飼育のポイント

メダカだけでなく，水を含んだすべてをひとつの生き物とみなして“水槽を飼う”ことに重点を置くとメダカの飼育もうまくいく。

④ 水草

水草は，卵の産み付け場所や稚魚の隠れ場所となる。水槽内で育てやすいのは，オオカナダモ（通称アナカリス），マツモ，ヒメスイレンなどである（育てやすさには差があるので，購入する際に店員などに相談する）。水草の密度が高いほど稚魚にとっての隠れ場所になるが，増えすぎると葉に光が十分に届かず，枯れてしまうので注意する。

水草の生育には光が必須なので，水槽は明るい窓辺に置くことが望ましいが，直射日光の当たる南側の窓辺は水温の急変や藻類やコケ類の発生を招くので，薄いカーテン越しにするのがよい。陽が当たらない場所（玄関など）に置く場合は，LEDライトなどの人工の明かりを用いタイマーと連動させて管理する。

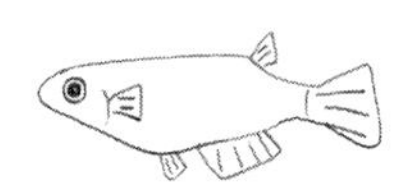

水槽にメダカを入れる

メダカを水槽に入れる前に，水槽の水と水温をあわせる。具体的には，メダカを運んできた袋から魚と水を出さずに袋ごと水槽に入れるか，入れられない場合はしばらく水槽と同じ気温の場所に置く。

次に，袋の中に少しずつ水槽の水を入れ，両方の水を混ぜてからメダカを水ごと水槽に移す。メダカは体表がデリケートなので，網は使わず，必要であればカップで水ごとすくって移動させる。なお，運搬に用いた水は，バクテリアなどが含まれている場合が多く，種水となるので，多少濁っていても一緒に水槽に入れる。

日々の管理

① 餌

餌は市販のものでよい。メダカを水槽に入れた日は落ち着かせるため餌は与えない。翌日から，餌を与える際は少量ずつ投入し，食べきれるようにする。1日2回程度でよいが，水温が低い冬などはあまり食べないので，メダカの様子にあわせて量を調整する。なお，夏ならば1週間程度，冬ならば2週間程度であれば餌を与えなくても死ぬことはない。

② 水替え

餌の量が適切であれば，水槽の水はあまり汚れないため，水替えはほとんど必要ない。ただし，食べ残しが多く水が汚れた場合（水がにおう，白濁しているなど）は，水槽の水をカップなどですくって一部を捨て，飼育水の項目で説明したくみ置き水を作り，水替えをする。なお，一度に水替えする量は全体の30％程度までとする。どの作業もゆっくりと行い，急な水温変化などが生じないように注意する。

メダカの繁殖を目指す

① 産卵のために

地域によって異なるが，メダカは4月中旬～9月中旬（春～秋）に産卵が期待できる。うまく産卵させるには，水流のない環境にして，卵を産み付けるための水草を入れる。

② 卵の取り扱い

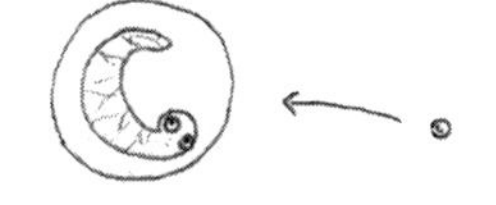

雌は，繁殖シーズンである夏の間は1回に10個以上，毎日あるいは数日おき

に産卵し，それらを水草に産み付ける。卵を見つけたら，親メダカに食べられないように水草ごと別の水槽に移して孵化させる。頻繁に孵化させたい場合は，水草の代わりに毛糸などで作った人工の産み付け基質を使ってもよい。

なお，すべての卵を分けると水槽がいくつあっても足りなくなるので，ある程度は親に食べられてしまう卵と育つ卵のバランスをとることも必要。

③ 仔魚が産まれたら

卵は，水温が25°C程度であれば10日前後で孵化し，仔魚になる。仔魚には最初，ゆで卵の黄身をすりつぶして与え，ある程度成長が確認できたら，親と同じ餌にするが，すりこぎですりつぶして小さくする。孵化後1cm程度の大きさになったら親魚の水槽に戻してもよい。

病気

メダカの病気には，白点病や水カビ病（綿かむり病）などがある。病気の個体は水槽を分けて隔離し，症状や病原体ごとに適切な投薬を行う。

※ここでは薬の詳細な説明はしないので，ペットショップなどで相談してほしい。

さらなる楽しみ

メダカを屋外で飼育してみよう

水槽を屋外に置くと十分に陽が当たり，メダカは光合成によって増殖した植物プランクトンなどを食べるため，夏場はほとんど餌を与える必要がない。また水中の栄養塩が植物プランクトンに消費されて，水が汚れないというメリットもある。夏場はよしずを半分かけるなど，直射日光を遮るようにする。冬場は水温が低下してメダカの活性が下がるので，落葉などを沈めて隠れ場所とする。植物の葉を分解して増殖するバクテリアなどの微生物が発生するので，これがメダカの餌にもなる。

その他の注意点

ペットショップなどで購入した愛玩用の飼育品種は，その地域にすんでいる野生メダカとは遺伝的形質が大きく異なるため，野外に放てば第3の外来魚となる。本文中でも繰り返しふれているが，飼育を行う際は，飼育個体を野生メダカと交雑させたり，地域の水域に放流することは絶対にしてはならない。

棟方有宗

あとがきにかえて「みえるものとみえないもの」

筆者の専門は魚類の生理学および行動学で，脳下垂体の生殖腺ホルモンの分泌調節，性行動のホルモンおよびフェロモンによる制御といった研究が中心である。保全研究を始めてからはまだ10年ほどで，この分野においては新参者である。魚類の保全研究を始めた当時，行動学，生理学の観点からアプローチができないかということを考え，現在もそれは変わらない。そして，まずはじめに野生メダカの繁殖行動を実際に観てみたいと思った。その理由は2つある。ひとつは，私は行動研究のモデル動物としてヒメダカを使っているが，ガラス水槽内のヒメダカの繁殖行動は，本当にメダカ本来の行動なのだろうか，人工条件下でしかたなく行っている不自然な行動ではないのか，という疑問を常にいだいていたからである。もうひとつは，野生メダカを保全するにはその生活史を把握する必要があり，特に繁殖行動はこの中でも重要なものだからである。当時，文献検索をするとメダカを扱った研究は30,000編ほどの論文があった。このなかで野生メダカの論文は150編で，そのうち生態に関する論文は70編あった。しかし繁殖行動を記載した論文は1編もなかった。すなわち学術的には，野生メダカの繁殖行動を実際に観たことのある研究者はいない，という状況であった。これは野生メダカの生活史が十分にわからないまま，手さぐりで保全活動が行われていたということにもなる。そこで筆者らは神戸女学院大学の万葉池に通い，その結果，野生メダカの繁殖行動を初めて観察することができた。この研究では絶対に自分の眼で繁殖行動を観るという信念のもと，実際に学生たちと行動を観ることができた。見ようとしなければ見えるものも見えず，重要なことを見落とすのではないか，ということを実感した研究であった。

川や水路の岸をコンクリートで固めると魚が減るというのは誰でも感覚的には知っている。しかし「なぜ？」と聞くとあまり明確な答えは返ってこない。答えの多くは魚がすめなくなるから，というものである。私自身は，水があれば魚は十分すめるが，流れが速くなったり水草がなくなると産卵行動ができなくなるから魚が減ると考えている。実際にヒメダカの実験で，それまで毎日卵を産んでいた雌が，水槽内の水流を強くすると産卵行動をやめる。その雌を解剖してみると，卵巣内に排卵された卵がない。水流により脳下垂体からの黄体形成ホルモンの分泌（いわゆる排卵LHサージ）が抑制され，排卵が起こらず，結果として産卵行動が起こらなくなる，ということである。生態学者，保全学者に，「水の流れが速くてもメダカは生きていけるが，ホルモンの分泌が止まり繁殖ができなくなる」と言うと，えっ？とした顔をして，「魚の保全にホルモンなんて考えたこともなかった」という答えが返ってきた。魚の体の中の生理現象は外からは見えないが，見えないものも考慮する，ということの重要性を感じている。

通常，生物の遺伝子は外からは見えないが，近年の分析機器の発展により，塩基配列あるいは電気泳動像といったかたちで目に見えるようになってきた。それまで見えなかったものが，目に見える遺伝情報として得られるようになった。この遺伝情報にはいろいろな意味が含まれ，野生生物の保全を行ううえで根幹をなす情報であるとも言える。見えないものが見えるようになって，保全の正しい方向性が見えてきたように感じた。

編者を代表して　小林牧人

索　引

さ

し

す

せ

そ

た

ち

つ

て

と

な

に

の

は

ひ

ふ

● 執筆者紹介 ●

【編著者】

棟方　有宗（むなかた　ありむね）
東京大学大学院農学生命科学研究科博士課程修了　博士（農学）
宮城教育大学教育学部准教授
専門：魚類生理学，行動学，保全学
担当：第1章*，コラム7*(共著)，第7章*(共著)，第8章*，付録*

北川　忠生（きたがわ　ただお）
三重大学大学院生物資源学研究科博士課程修了　博士（学術）
近畿大学農学部環境管理学科准教授
専門：魚類保全遺伝学，系統地理学
担当：第2章(共著)，第3章*(共著)，コラム6(共著)，コラム7*(共著)，第4章*，コラム8*(共著)，第5章(共著)，コラム9(共著)，第6章(共著)，コラム12(共著)

小林　牧人（こばやし　まきと）
東京大学大学院農学系研究科博士課程修了　農学博士
国際基督教大学教養学部アーツ・サイエンス学科教授
専門：魚類生理学，行動学，保全学
担当：第2章*(共著)，コラム1*，コラム2*，コラム3*，コラム4*(共著)，コラム5*，コラム7*(共著)，第6章(共著)，コラム12(共著)

【著　者】（五十音順）

入口　友香（いぐち　ゆか）
近畿大学大学院農学研究科博士課程修了　博士（農学）
一般財団法人　自然環境研究センター　研究員
専門：魚類保全遺伝学
担当：第3章(共著)，コラム6*(共著)，第5章(共著)，コラム9*(共著)

岩田　惠理（いわた　えり）
東京大学大学院農学生命科学研究科博士課程修了　博士（農学）
岡山理科大学獣医学部教授
専門：動物行動学
担当：第2章(共著)，コラム4(共著)

遠藤　源一郎（えんどう　げんいちろう）
早稲田大学卒業
1978年より仙台市職員として地域振興，市民協働など，おもにまちづくり事業に携わる。2008年仙台市八木山動物公園園長。2013年3月退職後に，遠藤環境農園をはじめ，自然環境に配慮した農業に取り組んでいる。
担当：第7章(共著)

上出　櫻子（かみで　さくらこ）
国際基督教大学大学院理学研究科修士課程修了
担当：第2章(共著)

田中　ちひろ（たなか　ちひろ）
東京農工大学卒業
青年海外協力隊（生態調査）を経て仙台市八木山動物公園飼育展示課普及調整係。宮城教育大学と連携した国際協力・教育事業を担当。
担当：第7章(共著)

中尾　遼平（なかお　りょうへい）
近畿大学大学院農学研究科博士課程修了　博士（農学）
山口大学環境DNA研究センター准教授（特命）
専門：魚類保全遺伝学
担当：第3章(共著)，コラム8(共著)，第5章*(共著)，コラム9(共著)

廣石　光来（ひろいし　みき）
岩手大学農学部動物科学課程卒業
仙台市八木山動物公園普及係
専門：動物行動学，保全学
担当：コラム13*

細谷　和海（ほそや　かずみ）
京都大学大学院農学研究科博士課程修了　農学博士
近畿大学名誉教授，日本魚類学会前会長
専門：魚類系統分類学，保全生物学
担当：第6章*(共著)，コラム10*，コラム11*，コラム12*(共著)

村上　陽子（むらかみ　ようこ）
東京女子大学文理学部史学科卒業
フリーランスライター。新聞社発行の情報紙にて，キッズ・ファミリー向けの記事を執筆。
担当：コラム14*，コラム15*

*は各章・各コラムでの主著者をあらわす。

日本の野生メダカを守る–正しく知って正しく守る

2020年10月8日　第1版第1刷発行

編著者　棟方 有宗・北川 忠生・小林 牧人

発行者　大屋 二三
発行所　株式会社生物研究社
〒108−0074 東京都港区高輪3−25−27−501
電話 (03) 3445−6946
Fax (03) 3445−6947
印刷・製本　モリモト印刷株式会社

Printed in Japan
ISBN978-4-909119-17-9 C3045